GEOLOGY

はじめての地質学

日本の地層と岩石を調べる

日本地質学会 編著

ベレ出版

はじめに

あるとき、シェイクスピアの故郷である英国のストラッドフォード・アポン・エイボンの町を散策していた私は、街角に小さな古本屋さんを見つけ、何気なく入ってみました。狭く薄暗い店内の床の上にはたくさんの本が平積みになっています。その中に、赤い表紙の2冊の本を見つけました。英国の著名な地質学者アーサー・ホームズが1944年に出版した地質学の入門書と、その改訂第2版（1965年）の原書でした。ずっと探していた本です。地質学誕生の地である英国での出会いに、何か運命的なものを感じました。

その本は、当時世界で最もよく読まれていた地質学の入門書の1冊で、日本では、1969年に改訂第2版の日本語訳が出版されました。地球の構造から、岩石、鉱物、地形、地表で起こっている地学の現象、造山運動など、地球の姿や地球のたどってきた物語がダイナミックに書かれていて、大学入学したての頃の私はすっかり魅せられてしまい、夢中で読みました。そして、地質学を専攻しようと決めたのです。それ以来、今までずっと思っていたことは、いつか私もこんな本が書きたいということでした。この度、仲間たちと地球の物語を語る本をつくる機会に恵まれました。

読者の皆さんの中には、子どもの頃、雲母や水晶を缶に入れて秘密の場所に隠したり、河原できれいな石ころを集めたり、友達と山に化石を掘り出しにいったりした経験をおもちの方も大勢いらっしゃることと思います。私の子ども時代も同様でした。子供向けの科学雑誌で、地球に穴を掘る話（モホール計画の話）を読んで、その穴から地球の中身が飛び出してしまったらどうなるんだ、などと心配したりしていました。これらは何の脈絡もない子どもの考えでしたが、アーサー・ホームズの入門書を読んだ時、これらのことが、実は大きな地球のストーリーのいろいろな部分に関係していたことに気づきました。私たちのこの本を手がかりに、読者のみなさんが、普段不思議に思っていることを出発点として、地球の物語の醍醐味に触れ、ワクワクしたり、なるほどそうか、と思ったりしてもらえれば、執筆者一同嬉しいかぎりです。

第1章では、まず読者にとって一番身近な岩石や地層の見方について解説します。私たちの足下の大地をつくっている材料についてのお話です。後半では、地質学での時間の捉え方についての説明です。地質学はとても長い時間を扱う点で、他の自然科学とは異なる特徴をもっています。地質学が誕生した頃から地質学者は地層の重なり方を調べてきました。そして、地球の歴史をたどるための年表、地質年代表を作りました。この作業は、バラバラになった本を1ページずつ修復し、復元する作業に似ています。最後には、修復した本に同位元素を使ってページ数（年代）を入れました。

第2章では、地球内部の構造とプレートテクトニクスについて解説します。近年では、観測技術の進歩、精密な実験、コンピューターシミュレーションの発達等で、地球内部の構造が詳しくわかるようになってきました。これは、地球科学といわれる学問の、さまざまな分野の協力により発展してきたことです。プレートテクトニクスは、１９６０年代後半に登場した、地球上で起こっている地学現象を動的かつ総合的に説明する理論です。物理学における相対性理論や量子力学の登場、生物学におけるＤＮＡの発見に相当するような革命的なものといえるでしょう。地震や火山の起こり方、ヒマラヤ山脈やアルプス山脈のでき方もプレートテクトニクス抜きでは説明できません。

第３章では、地質学発展の歴史を振り返ってみます。人類がどのようにして地球を理解してきたかを簡単にたどります。近代地質学は産業革命とともに発展してきたことも重要です。地質学は、ヨーロッパで誕生して発展したものですが、日本には、明治初期のお雇い外国人教師達によって伝えられました。ここでは、日本における地質学の歴史についても解説します。

第４章では、日本列島の誕生から今日までの歴史をプレートテクトニクスによって説明します。約7億年前のロディニア超大陸の分裂に関連して生まれた日本が、その後、大陸の縁で付加体として成長し、１５００万年前の日本海の拡大にともなって、現在の島弧といわれる形になった歴史をたどります。

第５章では、地下資源について考えます。地下資源は、長い大地の歴史の中でつくられてきた地球の宝ともいうべきものです。日本列島は、残念ながら石灰岩以外の地下資源には恵まれていません。その理由も地球の歴史と大いに関係しています。これからの資源問題を考える話題も提供します。

第６章では、自然災害について解説します。日本では、ほとんど毎日どこかで地震が起こりますし、火山もときどき噴火します。また、大雨がふれば土石流も発生し、大きな被害をもたらします。

あまり嬉しくない例えですが、まさに、日本列島は自然災害のデパートといえます。自然災害に賢く対応するためには、大地の特徴を正しく理解することが不可欠です。

最終章第7章では、大地の楽しみ方を紹介します。最近、注目されているものにジオパークがあります。これは各地の地質遺産に文化的・歴史的遺産も含めて楽しむもので、「大地の公園」ともいわれ、日本だけではなく世界中にあります。本書では、日本のジオパークの簡単なガイドブックにもなるよう紹介していますので、参考にして各地のジオパークに出かけてみてください。

本書は、日本地質学会の創立125周年を記念して、大地についての学問である地質学について、一般の方々に知っていただくことを目的に、企画出版いたしました。本書によって、一人でも多くの方が地質学に興味をもってくだされば幸いです。また、将来、地質学を学んでみたいという若者がでてくることも大いに期待したいと思います。本書の出版を受け入れていただきましたベレ出版に、心より感謝いたします。

日本地質学会『はじめての地質学』編集委員長

天野一男

はじめての地質学　日本の地層と岩石を調べる　もくじ

第1章　地面の下はどうなっているのだろうか

第2章　地球の内部はどうなっているのか

第3章

地質学が歩んできた歴史

第4章

日本列島はどのようにしてできたのだろうか

第5章

大地のおくりもの地下資源

第6章
地震国・火山国に暮らし大地に根ざして生きる

第7章

日本各地の地層・岩石の特徴と地形風景の見方・楽しみ方

第1章

地面の下はどうなっているのだろうか

過去の時代と大地の状態を認識することは
人間精神の花であり実である。
——レオナルド・ダ・ヴィンチ

杉浦明平（訳）『レオナルド・ダ・ヴィンチの手記』岩波文庫1958年

千葉県千倉層群畑層の巨大乱堆積物

01 崖で地面の下が見える

地面の下に拡がる地質

地質とは、単に地球の表層部をつくっている地層や岩石の種類や性質をいうだけではありません。地層と岩石には、いろいろな時代のものがあり、互いにいろいろな関係をもち、これまでの破壊や変形にともなう構造（状態）も記録されています。地質という言葉は、このような内容をすべて含める意味で、用いられています。

地質には、地球をつくっているものから、その生い立ち、さらに地殻変動や環境変化といったことまで、詳しく記録されています。また、地質には、私たちに必要な水・金属・非金属・エネルギーなど、あらゆる資源が含まれています。地質によって、私たちの生活の場はつくられ、私たちの生活を支えているのも地質といえるのです。

地質を調べて、その科学的知識を共有するのが地質学です。ある地域の地質調査をして明らかになった内容は、時代や性質で整理・区分され、それぞれの地層や岩石の分布が地形図上に表現されます。これを地質図といいます。地質図からは、地層や岩石の広がりとともに、地下構造の様子も推定することができます。そして地層や岩石の時代と合わせると、その地域の生い立ち（地史）も読み解くことができ、それらが、他の地域との比較研究の素材となって、広域な地質の理解につながります。

自然景観や生活基盤も支える地質

地表近くの地質は、つねに雨や風などの気象現象による風化作用を受けていて、もとの性質とは異なる風化生成物ができています。それはもとの地層や岩石が壊されてできた砕屑物《さいせつぶつ》や変質してできた粘土鉱物で、巨大な岩塊から、大小さまざまな礫《れき》や砂、粘土までいろいろです。砕屑

砕屑物の粒の大きさ

「泥は粒径1/16㎜以下」というような表記を使うことがあるが、粒径は、1㎜の1/2、1/4、…というように半分ずつにしていく。1/16というのは、4回1/2にしたということ。

粒径（mm）		粒度区分
	礫	巨礫
256		
	礫	大礫
64		
	礫	小礫
4		
	礫	細礫
2		
	砂	極粗粒砂
1		
	砂	粗粒砂
0.5		
	砂	中粒砂
0.25		
	砂	細粒砂
0.125		
	砂	極細粒砂
0.063		
	泥	粗粒シルト
0.032		
	泥	中粒シルト
0.016		
	泥	細粒シルト
0.008		
	泥	極細粒シルト
0.004		
	泥	粘土

物を粒の粒径で分けているのは、それが粒子を運搬する営力を推定する手がかりとなるためであり、形成環境を考えるのに役立つからです。粘土とシルトは、細かくて肉眼での区別が難しいので、まとめて泥ということもあります。これら風化物をまとめて土壌といいますが、風化層として地質表面をおおっている残留土壌や、風雨や流水により侵食されて低い方へと運ばれ、平地にたまった堆積層といわれるものもあります。わが国のように火山の多いところでは、火山灰混じりの土壌が多く見られます。

地表近くの土壌・表土は、降雨・地下水や植生・土壌生物の働きで肥沃なため、古くから農業に利用されてきており、ほかに壁、瓦、煉瓦、陶磁器の材料などにも利用されています。土壌は、生態系を支えて自然景観をつくり、人間の生活基盤となっていて重要なので、それを専門に扱う分野として土壌学があります。土壌をより深く掘り下げていくと、本来の風化していない地質にゆきあたります。

一方、道路や橋脚やトンネルあるいはダムやビルなど大型の建造物をつくったりするとき、まず、はじめに詳しい地質調査をし、そのうえで工事が開始されます。地すべりや液状化など、地震・豪雨にともなう自然災害でも、二酸化炭素の貯留や放射性廃棄物処理といった地下利用においても、地質の理解が不可欠です。このように地質の工学的性質に注目する分野は、地盤工学、岩盤工学あるいは岩盤力学、地質工学とよばれて、私たちの生活に直結する防災・減災に重要な役割を果たしています。暮らしを守り、自然災害に対応するにも、地質のたいせつなことがわかります。

地質が現れているところ▼露頭

地質の表層は、ふつう風化土壌でおおわれているので、多くの場合、地質本体を直接見ることができません。農地や牧場あるいは都市化したところでも、表面が人工的に改変されているので、やはり地質そのものを見ることができません。では、地質はどこで観察できるのでしょうか。

地質は、土壌が侵食されてなくなったところに、現れています。高山や急峻な尾根、切り立った崖など、地形的に突出しているところが地質の露出している候補地です。流水で侵食されている渓谷や、川沿いのえぐられた崖、波浪で侵食されている海岸も、地質観察に好都合な場所です。このような自然につくられた岩場や崖で、地質を観察することができます。石切場や土木建築工事の現場なども、人工的に崖がつくられるので、地質観察に便利な場所です。こうした地質が直接現れているところを露頭といいます。人工的に切り開かれた崖は、安全のためにすぐにセメントや芝草などでおおわれてしまうので、地質の切り口が露出しているうちに記録する必要があります。でも自然の露頭は、数えきれないほど多くあって、それらを調べ尽くす野外調査によって、地質が理解されていきます。露頭は、地下の地質を覗くことのできる窓といえます。

また、道路や鉄道やダムなどを建設するとき、地下の地質を調べなければなりません。間接的には人工地震や重力などを利用して地下の様子を推定しますが、地質を直接的に知りたい場合には、その地点を選んでボーリング技術により地面を掘削し、円柱状のコア試料を採取して調べます。こ

山梨県北杜市の瑞牆山《みずがきやま》花崗岩の露頭

の場合、コアが露頭の代わりとなります。

崖で見えるシマシマ▼地層

伊豆大島には、積み重なった火山灰の層が美しい縞模様となって見える崖が、道路沿いに数百ｍも続いているところがあります。それは地元でバウムクーヘンとよばれていますが、地質を観察する人たちの間ではよく知られている露頭です。火山灰だけでなく、泥や砂などの砕屑物は、地表のいろいろな環境のもとで、ある広がりをもった層をなして水平に堆積します。それを地層といいます。性質の違うものからなる地層が次々に積み重なると、断面では地層の境目が帯状の縞模様となって見えます。崖で見えているのは、このような地層の断面です。

伊豆大島の都道工事で切り開かれてできた

伊豆大島の地層大切断面

この露頭は、「地層大切断面」とよばれていて、バス停の名前にもなっています。ここでは、火山噴火で噴出した１００枚ほどの火山灰の地層が積み重なっていることが確かめられています。この地層は、火山噴出物が何度も降り積もったことを示す記録であって、それぞれが火山島の長い噴火活動をひもとく証拠となるものです。下にあるものほどより古い噴火を、上にあるものほどより新しい噴火を示しています。

山地や渓谷、河岸や海岸の崖や岩場でも、いろいろな厚さの縞模様からなる地層を見ることができます。地層は下から順に上へと重なるので、下の地層ほどより古く、上の地層ほどより新しいわけで、地層には地球の時間の流れが残されているといえます。厚く積み重なった地層であれば、より長い時間が記録されています。時間といっても、より古い、より新しいという相対的なものですが、これこそが地球の時間を知る手がかりとなるものです。地層の積み重なりの順序を層序といい、それを調べる分野が層序学で、地質を研究する基本となっています。

地質から読みとれる前後関係

地層の積み重なりが、地球の歴史を明らかにする重要な根拠ですが、このことはかなり古くから気づかれていたようです。ヨーロッパ中心の中世文化がおよそ千年も続いた後のルネッサンスで、天才といわれたレオナルド・ダ・ヴィンチ（１４５２‐１５１９）が、イタリー北部の運河の工事で掘削断面に露出した地層と化石を正しく解釈し、それまで支配的であったノアの洪水説を否定したのはその一例です。最も重要なのは、第３章で述べられているステノ（１６３８‐１６８６）による地層の理解で、地質現象に時間の概念が与えられたことです。これをきっかけに、地球上で起こった地質現象に前後関係を読み取る努力がなされるようになりました。

地層に古さ新しさの順序があることは、地層に含まれる化石に、古い時代のものから新しい時代のものまであること、つまり新旧の順序・時代を与えることになりました。それは地球生命史を理解する基本原理となり、地質年代を確立することにつながっていきました。また、もともと水平であった地層が傾いたり、曲がったりしていると、地層ができた後で地層を変形させる事件があったことを意味しています。地層がふつう連続的に積み重なると、断面で見えるのは平行な縞模様で、このような地層の関係を整合といいます。地層の境目は、厳密には時間の途切れ目にあたりますが、整合な地層はほぼ連続した時間の記録と考えられています。また、ときに傾いた地層を切るように不調和に積み重なる地層もあって、その地層の関係を不整合といいます。不整合は、隆起・侵食させる変動があってから、再び沈降して地層が形成されたことを意味します。不整合は、地層の記録の欠除、つまり時間の不連続・欠如をあらわしています。さらに他の岩石が地層を貫いてまわりの地層に熱の影響を与えていたりすると、やはり地層形成後の事件を考えることができます。岩石をつくる鉱物についても、それらの前後関係を読み取り、岩石の成因を考えることができます。

このように、地層の順序の意味を理解した層序学の視点は、地球のすべての現象と活動の前後関係を見ることに適用され、地球が遥かに長い歴史をもつことが認識されるようになりました。このことは他の科学に大きな影響を与えました。それは地球の歴史から、生物の進化、太陽系の形成、宇宙の進化といった自然科学すべての分野にわたり、さらに神学との議論をかさねながら、芸術や文学のみならず広く社会科学にもおよび、当時の世界観を変えたといってもよいでしょう。

02 岩石はでき方で区分される

なぜ地層と岩石に分けるか

地質を調べるのは、まず、野外での観察からはじまります。崖や石切場などの露頭での見かけから、その地質をつくっている岩石を「成層岩」と「貫入岩《かんにゅうがん》」に分けることがあります。「層状岩」と「塊状岩」ということもあります。成層岩・層状岩は、岩石が地層をなして積み重なっているものをいい、風化侵食作用でできた砕屑物・火山噴出物・生物遺骸・化学沈殿物などが地表で堆積してできたものです。一方、貫入岩・塊状岩は、地層を貫いていて層状の模様が見えないものをいい、地下でできたか、地表でも溶岩のように固まってできたものです。このように、層状であるか、そうでないかは、そのでき方を教えてくれます。層状になっている岩石を地層とし、貫入している、あるいは塊状のものを岩石として区別しています。地層と岩石は、見ただけで識別できることが多いので、便利だから使っているといえるでしょう。それらの生成した場所をあらわしている意味から、地層を「表成岩」、ほかの岩石を「内成岩」といったりすることもあります。

地層と岩石を調べる

地層や岩石には、大きさや形や決まった色合いがあるわけではありません。ある種類の岩石が、1トンでも、1キログラムでも、1グラムでも、仮にひとつの山をつくっていても、同じものであれば同じ名前でよばれます。野外調査をしていて、岩石の標本を採取するのは、ある広がりを占めている岩石の性質を、その標本で代表できると考えるからです、標本が1個でよいか、数多く採取するかは、なにを知ろうとするのか、その目的によります。

地層の場合には、それがどの方向に延びているか（走向）と、どの方向に傾斜しているかを調べます。方位磁石と水準器のついたクリノメーターという器具を使って、その情報から地層の地下での広がりや3次元構造を調べます。

岩石は、野外では地質調査用のハンマーで欠いた小さな破片をルーペで観察し、どのような組織で、どのような鉱物が含まれているかを調べます。しかし、実際には岩石試料の一部をダイアモンド・カッターで切りとり、薄片というプレパラートを作成し、偏光顕微鏡で鉱物の種類、量比や全体の組織を観察して岩石の種類を特定します。この顕微鏡は、偏光板（ポーラー）がとりつけられていて、鉱物の結晶の仕組みが異なると偏光の通り方が違うので、そのことを利用して鉱物を見分けるのです。偏光顕微鏡で薄片を見ると、大地がきれいな鉱物・結晶の世界であることを体験することができます。

岩石は鉱物の集まり

岩石はいろいろな鉱物が集まってできています。鉱物は、先に触れたように、ふつうは天然に結晶した無機物をいいますが、軽石や石器に使われた黒曜石のように、結晶していないガラスや蛋白石（オパール）などを含めたりします。現在知られている鉱物は４千数百種類もあって、最近では毎年、数十種の新鉱物が発見されています。岩石を研究する分野が岩石学、鉱物を対象とする分野は鉱物学ですが、まとめて鉱物科学ということもあります。

岩石をつくる主な鉱物（造岩鉱物）は限られています。造岩鉱物としては、ケイ素（Si）と酸素（O）が１：２の割合の石英と、ケイ素を中心に酸素と結合した SiO_4 四面体が単位となっているケイ酸塩鉱物の斜長石、カリ長石、雲母、角閃石、輝石、かんらん石が主な鉱物です。SiO_4 四面体の結合の仕方が鉱物ごとに違い、隙間に鉄やマグネシウムなど他の元素が入っています。他の元素がいろいろな割合で入って、連続的に化学組成が違うものがありますが、そのような鉱物を固溶体鉱物といいます。それは鉱物ができるときの温度や圧力条件を反映しているので、岩石のでき方を考えるのにとても重要です。

ほとんどの岩石がケイ酸塩鉱物からできていて、最も多い元素が酸素で、その次がケイ素、アルミニウム、鉄、カルシウムとなります。地球の表層部を見たとき、重量比で酸素が約44％で、ケイ素が約28％、アルミニウムが約８％、鉄とカルシウムはどちらも数％です。地球の表層はまさに酸素とケイ素からできているといえます。

岩石は成因で区分される

地球はいったいどんなものからできているのでしょう。地球をつくっているもののなかで、私たちが見ることのできるのは、地表近くをつくっている地層と岩石です。それにはどんなものがあるのでしょうか。現在最も広く使われているのは、成因の違いにもとづく区分です。この区分は、地質を理解するのに便利な分け方ですが、岩石の成因がわからなければ、区分することができません。

ここでいう成因とは、岩石ができるまでの複雑な生成史の中で、最も重要と考えられるできごとをいいます。それには、地表で堆積してできたことが重要な堆積岩、溶けていたマグマが固まってできたことが重要な火成岩、岩石ができたときと異なる温度・圧力条件の下で、別の鉱物組み合わせに変わったことが重要な変成岩があります。そのほかにもともと地球を構成していたと考えられる岩石もあります。

日本の古い地層には、野外で緑色っぽく見えるので、緑色岩とよばれる岩石があります。それを調べると、火山噴出物が海底に堆積してできたもので、後の変成作用で緑色の変成鉱物ができているることがわかります。この岩石は、もともとはマグマ起源なので火成岩ですが、堆積したのだから堆積岩でもあり、変成鉱物ができているから変成岩であるともいえます。岩石にはできてきたときの記録が、このように重なっていることがあります。どのように区分して取り扱うかは、なにを調べたいかによります。

地表でできる堆積岩

地表に現れた岩石には、内部ひずみが解放されて割れ目が発達しています。そこに雨水や地下水が染み込み、溶けやすい鉱物が溶けてしまうので、岩石は壊されて岩片や砂粒や粘土といった砕屑物になります。これらは崩れ落ちて谷から川へ移動しますが、洪水のときに濁流となって湖や海へと運ばれます。この過程で、岩片はさらに砕かれ円

●堆積岩：地表でできる岩石

砕屑岩（砕屑物からなる）：礫岩・砂岩・泥岩

火山砕屑岩（火山砕屑物からなる）：凝灰角礫岩・火山礫凝灰岩・凝灰岩

生物岩（生物遺骸からなる）：石灰岩・ドロマイト・チャート・石炭・珪藻土

蒸発岩（化学物質の沈殿）：岩塩・カリ塩・石膏

●火成岩：マグマが固まった岩石

火山岩（地表近くで急冷して固まる）：玄武岩・安山岩・デイサイト・流紋岩

深成岩（地下でゆっくり固まる）：はんれい岩・閃緑《せんりょく》岩・石英閃緑岩・花崗岩

●変成岩：地下で変わった岩石

接触変成岩：ホルンフェルス・大理石

広域変成岩：粘板岩・千枚岩・結晶片岩・片麻岩

●地球内部の物質

超苦鉄質岩：かんらん岩

砂岩の標本と薄片写真

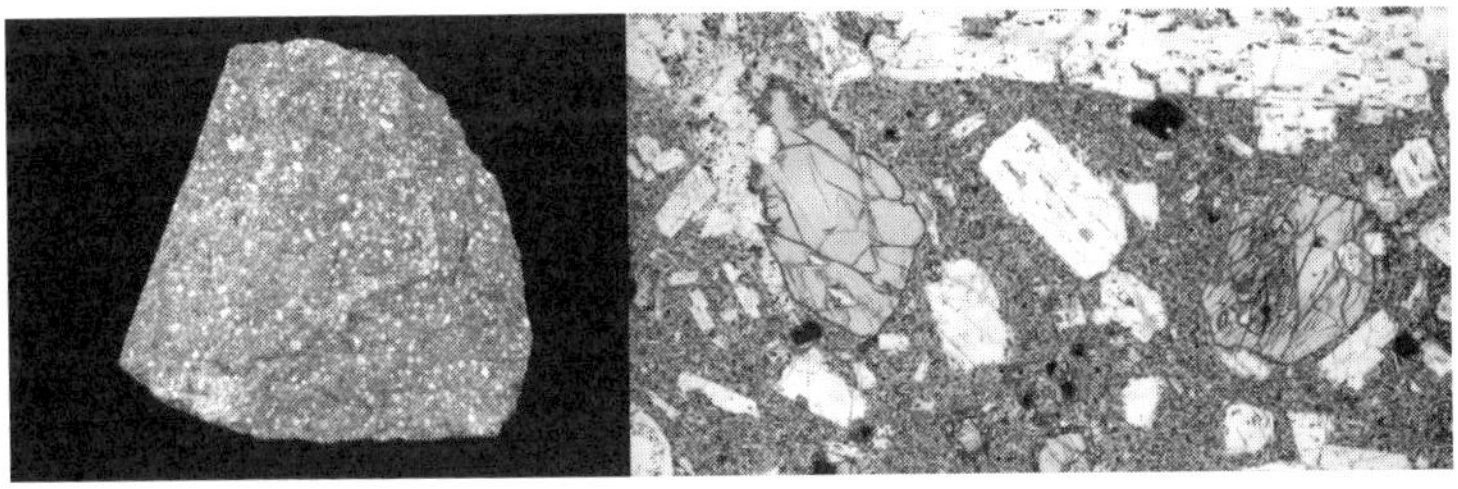

安山岩の標本と薄片写真

花崗閃緑岩の標本と薄片写真

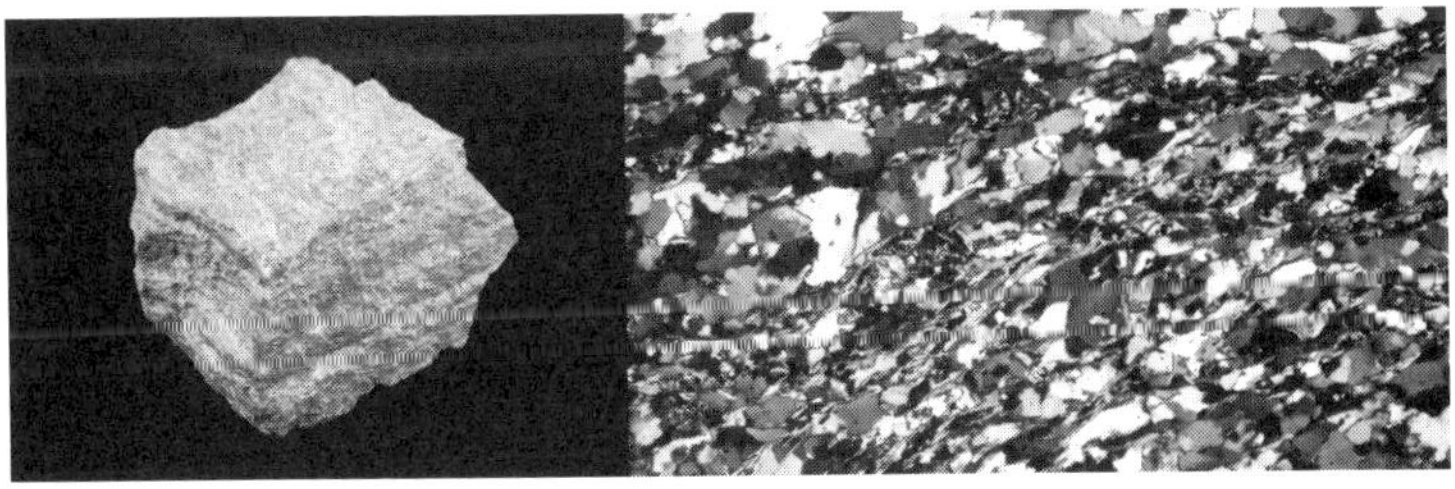

紅簾片岩の標本と薄片写真
（神奈川県立生命の星・地球博物館提供）

磨され、大小さまざまな礫となります。砕屑物は流水の運ぶ力が弱くなったところで沈殿してたまり、ほぼ水平な地層となります。このように地表で堆積したものが堆積物で、それが後に固まったものが堆積岩です。

砕屑物の多くは流水で運ばれますが、砂漠のような乾燥地域では風で、極地や高山では氷河で運ばれたりして、それぞれ特徴的な堆積物をつくります。日本のような火山地帯では、こうした堆積物に火山噴出物が混在することも多く、砕屑物の地層の中にはさまっていることもあります。火山噴火でできる火山砕屑物の中で、火山灰の地層は広域に分布するので、離れた地域の地層の同時性を火山噴火で特定する手がかりとなっています。このように比較することを、対比といいます。また、堆積岩には化石が含まれているので、同種類の化石を用いて、同じように異なった地域の地層を対比して、その同時性を知ることができます。

砕屑岩のいろいろ

砕屑物には、いろいろな大きさの粒子があり、運ぶ力により運ばれる粒子の大きさが違うので、その粒の大きさの順に礫、砂、泥に分けられています。粒径２㎜以上の大きさのものを礫、２㎜から０・０６㎜のものを砂、それより細かなものをまとめて泥としています。これらがさまざまな割合で混じって砕屑物をつくり砕屑岩となりますが、混合物の主なものによって礫岩、砂岩、泥岩に区分されます。礫と礫の隙間には砂や泥もあり、砂粒の間には泥もあります。これらが、さらに厚い地層となって地下に埋没していくと、温度の上昇とともに水分が上方に向かって移動していきます。やがて水分の温度が下がると、炭酸カルシウム（$CaCO_3$）や二酸化ケイ素（SiO_2）が隙間に結晶して埋まり、硬い砕屑岩に変わっていきます。このことを続成作用といいます。

砕屑岩の地層でよく見られるものに、砂岩と泥岩が交互に積み重なった砂泥互層があります。深い海底には、細かな微粒子がプランクトンの遺骸などとともにつねに降り積もっていて、泥質堆積物がたまっています。そこに浅海にたまっていた砂質堆積物が、大地震などで誘発されて海底斜面を乱泥流として流れ下り、粒子の大きさでふるい分けられた級化成層となって堆積します。このようなことが繰り返し起こってできたのが乱泥流堆積物、それによってつくられるのが砂泥互層で、タービダイトといいます。たとえ砂岩の中に浅海を示す化石が入っていても、それは乱泥流で移動してきて深いところにたまったものなので、タービダイトの堆積環境が浅いことを示しているわけではありません。

火山噴火によっても砕屑物がつくられます。その火山砕屑物で、粒径が32㎜より大きなものは火山岩塊ですが、32㎜〜4㎜のものを火山礫、4㎜より細かな物を火山灰としています。火山灰が硬くなったものを凝灰岩といい、それに火山礫が混じるものを凝灰角礫岩や火山礫凝灰岩としています。

砕屑岩以外の堆積岩

堆積岩には、砕屑岩のほかに、生物遺骸の集積や生物の生活作用でできたもの、水溶液から化学的に沈殿してできたものがあります。これらの多くは、単純な鉱物組成で、しばしば1種類の鉱物からなるものがあります。そのため、これらは砕屑岩のように粒子の大きさで区分せずに、化学組成にもとづいて区分されています。砕屑岩に比べて層状構造の発達が悪く、塊状に見えることもあります。この種の岩石は、資源として重要なものが多く、採掘されて広く利用されています。

生物からできた岩石の代表的なものが、石灰岩とチャートです。石灰岩は、炭酸カルシウムからなる方解石からできていて、石灰藻やサンゴ、有孔虫などの生物の活動により、浅海域でつくられたものです。石灰岩にともなって、炭酸マグネシウムを含むドロマイトも見られることがあります。チャートはほとんど二酸化ケイ素からなる硬い岩石で、非常に細かな石英の集合からなっています。放散虫やケイ質海綿の骨片などが、陸域から遠く離れた深海底に堆積してできたものです。陸域の砂粒がまったく入っていないことや、深海で溶けてしまう石灰質成分もないことなどから、そのことがわかります。これらのほかに、珪藻からなる珪藻土、植物遺骸が埋もれてできた石炭、鉄バクテリアの作用で鉄分が沈殿してできた縞状《しまじょう》鉄鉱層、熱水が噴出する温泉地帯の沈殿物のほか、水分が蒸発してできた蒸発岩の岩塩・カリ塩・石膏などもあります。

混在している地質

日本列島のような変動帯では、複雑に変形した乱泥流堆積物の砂泥互層の中に、大小さまざまな石灰岩やチャートの岩塊が、ときには玄武岩からなる枕状溶岩までが混在している、奇妙な泥岩が帯状にはさまれていることがあります。正常に積み重なった地層と違って、ごちゃまぜになっていることからメランジェとよばれています。メランジェは、混在を意味するフランス語に語源のある用語です。

メランジェを放散虫化石などを用いて岩塊や泥岩の地質年代を調べてみると、岩塊のほうが古くて泥岩の方が新しいことがわかる場合があります。これは、泥がたまっているところに壊れた岩塊がもち込まれたことを示しています。陸地のそばで堆積していた砕屑物に、南の海のサンゴ礁でできた石灰岩や深海底にたまったチャート、そして海洋底を構成していた玄武岩などが混在して、日本列島へと付け加わったとみなせるものです。

このような地質体を付加体といい、変動帯を特徴づけるものとして注目されています。世界に先駆けて、このことを明らかにしたのが、西南日本太平洋側を占める四万十帯の地質の研究です。それは、動的地球観のプレートの沈み込みを証明し、世界の造山帯の研究に大きく貢献しました。

マグマからできる火成岩

地球内部で岩石が溶融してできた高温のマグマは、地表へと上昇しますが、地下で、あるいは地表に噴出して、いずれは冷えて固まります。この過程を火成作用といい、できた岩石を火成岩といいます。火成作用の源となるマグマの多くは、上部マントルの一部が溶けて生まれています。そして、溶け方の程度や溶ける深さなどの違いから、異なる性質のマグマができると考えられています。

マグマは、地球内部がどのような化学組成からなり、どのような状態であるかを知る大事な手がかりです。したがって、マグマがつくるいろいろな時代の火成岩は、地球誕生から現在までの地球内部の様子を教えてくれる大事な材料となります。また、初期の地球では地球の大部分をマグマが占めていたとされ、地球内部の進化を明らかにするためにもマグマを理解することは重要です。

マグマには、二酸化ケイ素が多くて流動しにくいものや、二酸化ケイ素がより少なくて流動しやすいものがあります。二酸化ケイ素が多いと石英の多い火成岩が、二酸化ケイ素が少ないと石英を含まない火成岩がつくられます。二酸化ケイ素の多いものをまとめて酸性岩、少ないものを塩基性岩といいます。ただし、化学の酸性と塩基性とは意味が違います。化学組成の違いは鉱物組成にあらわれ、石英や長石の多いものを珪長質、輝石など有色鉱物に富むものを苦鉄質ということもあります。マグマの冷え方の違いから、火成岩は大きくふたつに分けられます。ひとつは、マグマが地表あるいは地表近くで急に冷えて固まった火山岩で、もうひとつは、地下の深いところでゆっくり冷えてできた深成岩です。

マグマが急に冷えてできた火山岩

火山岩は、ふつう細かな鉱物とガラス質の部分からなりますが、肉眼でも見える鉱物をぱらぱらと含んでいます。大きめの鉱物は斑晶《はんしょう》といい、噴出する前のマグマの中で成長していた結晶です。その周りの細かな鉱物やガラスの部分は、マグマが地表に噴出して急に冷えてできたものです。

火山が爆発的に噴火すると、砕屑岩のところで述べたように、マグマが吹き飛ばされて火山砕屑物をつくります。それでできた岩石が火山砕屑岩です。マグマは地表に流出して溶岩となりますが、二酸化ケイ素が少なく流れやすい玄武岩の溶岩が水中に流出すると、枕を積み重ねたように見える枕状溶岩ができます。

火山岩は、化学組成の違いから、特に二酸化ケイ素の量の少ないものから多いものへと、玄武岩、安山岩、デイサイト、流紋岩に区分されています。地球上で最も多いのが玄武岩で、大陸ではデカン高原のような台地玄武岩として広く分布し、日本のような弧状列島や大陸のへりの火山帯でも見られます。海域では、ハワイ諸島のような海山《かいざん》や海洋島も玄武岩でできていますが、世界中の海洋底に連なる大山脈・中央海嶺で最も激しく玄武岩の溶岩が流出しています。それが海面上に顔を出しているところが、アイスランドです。安山岩、デイサイト、流紋岩は、海洋底では見られず、弧状列島や大陸の縁の火山活動で見られます。

火山の多い日本列島では、玄武岩は岩手山、富士山、伊豆大島、三宅島で、より二酸化ケイ素に富む安山岩は浅間山、箱根、桜島などで、さらに二酸化ケイ素に富み粘性が大きく流れにくいデイサイトや流紋岩は有珠火山に見られます。こうしたマグマが爆発的に噴火すると、大規模な火砕流が発生し、噴出した後に陥没カルデラができることもあります。九州のシラス台地や鹿児島湾をつくった姶良《あいら》カルデラなどの噴火が有名です。

地下深くでゆっくり冷えた深成岩

マグマが地下の深いところでゆっくりと冷えて固まると、その中で結晶が成長し、すべて粗い結晶からなる粗粒の火成岩ができます。これを深成岩といいます。火山岩と同じように、二酸化ケイ素の少ないものから多いものへと区分されています。火山岩に対応する深成岩は、玄武岩にははんれい岩、安山岩には閃緑岩、デイサイトには石英閃緑岩、流紋岩には花崗岩があります。はんれい岩は石英を含まない岩石で、玄武岩とともに海洋底をつくる主要なものです。地層を貫いた岩体の良い例は、四国の室戸岬で見ることができます。閃緑岩や石英閃緑岩は小規模に分布するものが多く、丹沢山地の中心部に露出しているのが知られています。

花崗岩は、石英と長石からなる白い地に黒雲母《くろうんも》が散在して、硬く、きれいな岩石です。日本でも各地に分布しているため、石材として古くから利用され、巨石で有名な大阪城の石垣にも使用されています。大陸域では巨大な岩体として広く分布しており、まさに大陸を特徴づける岩石といえます。

多様な火成岩をつくるマグマ

海洋底も大陸も、それを形成している主要な岩石が違っていますが、どちらもマグマ活動によってできたものです。現在でも、中央海嶺、環太平洋周縁、地中海、東アフリカ地溝帯、あるいはハワイなど、世界各地で活発な火山活動が続いています。地球内部の深いところで生まれたマグマから、どうしていろいろな種類の火成岩ができるのでしょう。マグマが冷えていくと、中に鉱物の結晶ができてきますが、それらがマグマの中で沈降すると、残ったマグマの化学組成は変わります。このようにマグマの冷却にともなう結晶分化作用によって、違った組成のマグマができると考えられます。玄武岩質のマグマからでも、安山岩や流紋岩がつくられます。でも、このような玄武岩の結晶分化作用で、なぜ花崗岩のような膨大な量のマグマができるのかは、まだよくわかっていません。雲母や角閃石などの含水鉱物を含む花崗岩は、大陸地域の深部でもできるだろうと考えられています。水分がある場合には、温度が１０００℃以下でもマグマができるからです。いろいろな火成岩ができるのは、海洋底の一部が溶けたり、あるいは大陸の下部が溶けたり、時には異なる性質のマグマが混じりあったりといった、いくつかのでき方の違いがあるのではないかと考えられています。

高温高圧の条件下でできた変成岩

堆積岩や火成岩が、高温のマグマと接したり、地下深くにおしこめられたりして、高温高圧の条件下におかれると、もとの岩石の鉱物とは異なる新しい鉱物ができて、組織も鉱物組成も違う岩石に変わってしまいます。これを変成作用といい、これによってできた岩石が変成岩です。また、鉱物が変化したり、新しい鉱物ができたりすることを、再結晶作用といいます。再結晶作用は、地下で温度が１５０℃をこえるあたりから起こりはじめ、２５０℃から３００℃をこえて温度が上昇するにつれ急に進むようになります。しかし、温度は高くなっても７００℃から９００℃位までで、溶融するまでには至りません。このように岩石が固体のままで再結晶してできるのが変成岩で、マグマからできる火成岩との大きな違いです。

変成岩は、大陸の中心部をつくっている楯状地《たてじょうち》や、世界各地の山脈や弧状列島といった変動帯によく見られます。大陸域に広く分布する花崗岩の周りには、幅数百ｍから数㎞の範囲で、高温のマグマや熱水の影響を受けた変成岩ができています。この高温の熱の作用を接触変成作用といい、これによってできた岩石がホルンフェルスです。石灰岩が接触変成作用を受けて再結晶したものが大理石で、建材や彫刻などに利用されています。

造山帯とよばれている山脈や日本のような弧状列島には、変成岩が帯状に分布していることがあります。その分布が数十㎞から１０００㎞の広範囲にわたることもあり、その変成作用は広域変成作用とよばれます。そこでできたのが広域変成岩で、縞模様がよく発達して薄くはぎとることができそうに見えますが、実は硬くてたいへん緻密です。また複雑に流動変形したように見えるものもあります。野外の観察では、黒色の粘板岩、変成鉱物が平行に配列して薄く割れそうな千枚岩、片理《へんり》とよばれる縞状組織が発達した結晶片岩、さらに粗粒の鉱物からなる片麻岩などを見分けることができます。

どこで変成作用を受けたのか

変成岩のもとの岩石は、いろいろな種類の堆積岩と火山岩です。これらが変成作用を受けたのは、地下深くまでおしこめられたからです。地表とは異なる温度と圧力の上昇にともなって、地表で安定な鉱物やマグマの冷却でできた鉱物は分解し、さらに鉱物同士が反応して、その場の温度圧力条件に見合った変成鉱物がつくられました。同じ組成の岩石であっても、温度圧力条件が違うと別の変成岩になります。鉱物が高温高圧条件の下でどのように変化するかは、多くの実験で確かめられていて、変成鉱物の組み合わせから、できたときの温度圧力を推定することができます。広域変成岩は、地下数㎞から30㎞程度の深さで形成されたものと考えられます。海溝で形成された付加体が、沈み込むプレートによって陸側に押しつけられたことと合わせて考えると、それはプレートの沈み込みで地下深くまでひきずり込まれ、変成作用を受けたと考えることができます。

広域変成岩は帯状に分布しているので変成帯とよばれ、高圧型のものと低圧型のものとがあります。高圧型の変成岩には、緑泥石や緑閃石や緑簾石《りょくれんせき》などからできている緑色片岩や、高圧を示す藍《らん》閃石《せんせき》を含む青色片岩などがあります。高圧型の変成帯には、中国地方の三郡《さんぐん》変成帯や、九州から四国と紀伊半島を通って、諏訪湖から関東山地まで連なる三波川《さんばがわ》変成帯があります。北海道の神居古《かむいこ》潭《たん》帯も高圧型です。これらの高圧型変成岩は縞状の片理がきれいなので、庭石によく使われています。低圧型の変成帯には片麻岩などからなる領家《りょうけ》変成帯や阿武隈《あぶくま》変成帯がありますが、花崗岩が広く分布していて、より高温の変成作用であったことがわかります。

変成鉱物の組み合わせから、特徴的な変成岩ができる温度と圧力を推定できるので、特徴的な変成岩ができる条件を変成相として区分しています。それは変成作用の性質を知る手がかりとなり、温度の低い方から高い方へ沸石《ふっせき》相、ブドウ石‐パンペリー石相、緑色片岩相、緑簾石‐角閃岩相、角閃岩相、グラニュライト相があり、高圧の方では藍閃石片岩相とエクロジャイト相が、高温低圧の方では輝石ホルンフェルス相とサニディナイト相が区分されています。ところで、地下深くででき た変成岩が、どうして地表へ上がって広く分布しているのでしょう。高温型のものは花崗岩マグマの活動に関係し、高圧型のものはおそらくプレートの沈み込みに関係していると考えられています。

地球内部をつくっている岩石

これまで述べた岩石のほかに、広域変成帯や断層帯に沿って露出する、鉄とマグネシウムに著しく富む超苦鉄質（超塩基性）の岩石が知られています。それは淡黄緑色のかんらん石からなるかんらん岩で、加水変質すると暗緑色に見える蛇紋岩《じゃもんがん》になります。産状からみて、地下深くから出てきたものです。一方、かんらん岩は、火山噴出物の中にもかけらとして入ってくることがあり、ハワイの玄武岩の溶岩や、秋田の男鹿半島一《いち》の目潟《めがた》や中国・九州地方の玄武岩などでいくつも見つかっています。また、地球深部からダイアモンドを運んでくるキンバレー岩にも、かんらん岩のかけらが入っています。これらをかんらん岩ノジュールといい、マグマが地球内部を通過するときに、周囲の岩石の一部を取り込んできたものと考えられています。そのため捕獲岩ともいわれますが、地球内部を直接観察できる試料として、地球深部からの贈り物ともいえるものです。そして、それを用いた高温高圧実験により、さらに地球内部の様子を探ることができる重要な研究素材なのです。

03 地質学は想像を絶する長い時間をどのように捉えてきたか

除夜の鐘を聞きながら

地球が誕生してから現在までを1年とすると、人類が登場してくるのは、大晦日の除夜の鐘が鳴り出す頃だ…そんな話をどこかで聞いたか読んだかして記憶されている人もあるかもしれません。これにはいろいろな表現や、区切り方や置き換え方のバリエーションがあるようですが、『環境白書（平成22年度版）』では、「地球の歴史を1年に例えると、ヒトの歴史は約4時間に相当します。産業革命が起きた18世紀以降の人類の歴史は、わずかに1秒ほど」とあります。その流儀にならって、地球46億年の歴史を午前0時から始まる1日24時間に当てはめてみましょう。

　草木も眠る丑三つ時の午前2時頃、小天体の衝突で月が分離した後の地球は、あちこちで火山が噴火し、まだ熱く燃えていた地球を冷やすように雨が降り続き、これがやがて海洋を形成していきます。そのなかで表面のマグマが冷却されて地殻が形成され始め、その後全球凍結という試練をくぐり抜けた後で、夕方頃になると最初の超大陸ができたのです。生命も生まれて増え続け、超大陸ロディニアができる夜の8時頃からカンブリア爆発につながり、10時半頃から超大陸パンゲアが形成され、11時を過ぎると恐竜が登場して、また退場し、超大陸は分裂を始めました。そして、人類の祖先が直立二足歩行を始めるのは、1日がまさに終わろうとする、ほんの1分と少し前くらいのことだった、という次第です。

普通のモノサシでははかれない地質年代

　この大地の成り立ちには、これくらいの比喩的なモノサシを使ってみて、そのおおまかな見当がつきます。これは、われわれが実感できる時間軸のモノサシに換算して、その長さを知ってもらおうということです。

　人の寿命は、せいぜい長くても約１００年です。そして、人間の歴史が語られるようになってから、まだ４０００年ほどしかたっていません。縄文時代が1万年続いたといわれても、私たちには、現実のものとしてその長さを感じとることができるでしょうか。

そこへ、1万年どころか、10万年、100万年、こともあろうに1億年、何十億年といった桁違いの長さの時間軸をいわれても、あまりピンとこないのは無理もないことです。1年でもいろいろあるのに、100年生きる人なんてごくわずか、そんなところに「億年」ですから、想像すらできないということでしょうか。

それでも私たちは、宇宙の歴史が138億年であり、地球の歴史が46億年であることを知っているのです。時間の概念、空間の概念を理解するために、われわれ人類だけがもつ、想像力を働かせてみましょう。

地質学は、こうした悠久の時の流れを扱ってきた点で、他の多くの自然科学とは異なった歴史科学的側面をもっているといえます。たとえば、そこらに転がっている石ころひとつとってみても、正面から向き合おうとすると何億年、何十億年といった時間との対話をすることになります。これが地質学の醍醐味でもあるのですから、身近な自然でぜひそういう思いを味わっていただきたいものです。

地層が化石の古さを決める

地層に古い新しいの順序があることは、地層に含まれている化石にも順序があることを教えてくれました。地層の順序は、化石にも時間を与えました。連続的に積み重なっている厚い地層は、長い時間が流れていることの記録で、それから産出する化石もまた時間の流れ、時代の変遷をあらわしています。地層は広がりが限られていて、できた場所の違いで岩石の種類も違います。しかし、同じ時代には同じ種類の生物がいたことから、ある特定の時代の地層には特定の化石が含まれているのです。このことに気づいたイギリスの測量技師スミス（１７６９－１８３９）は、遠く離れた地域の地層でも特徴的な化石から、同時代のものと考えました。これが化石による地層同定の方法です。これによって地層（層序）と化石（古生物）を用いた生層序学が発展し、化石で地層を区分するようになりました。この時代にはまだ進化論はなかったので、化石の種類がなぜ時代とともに変化するのか、その理論的な裏づけはありませんでしたが、化石の産出する順序・変遷史は疑うことのできない事実でした。生層序学によって地層を広域にわたって比較検討できるようになり、石炭などの地下資源を開発するうえでたいへん役立ちました。そのため、地層と化石についてたくさん情報が蓄積されて、各地の地層を化石で対比しながら、化石による時代区分ができるようになりました。

化石による地質年代

化石にもとづく地質年代区分の基本が確立したのは、19世紀の中頃のことです。ある種類の化石がどこからどこまで産出するか、つまり化石種の生存期間を基本的な単位として、地質年代が区分されました。歴史年表のように、地球の歴史を共通理解するのに便利な地質年代表がつくられていきました。いまも使われている古生代、中生代、新生代という大区分は、１８４１年にイギリスのフィリップス（1800－1874）が提案したものです。それをさらに区分した地質時代の名称は、当時、地質調査が盛んにおこなわれていたヨーロッパの地名や部族名からとられています。

古生代のカンブリア紀、オルドビス紀、シルル紀、およびデボン紀の名称は、イギリスの地方の地名や部族名で、石炭紀はイギリスの石炭を挟んだ地層に由来します。ペルム紀はロシアウラル山脈の麓の地名によるものですが、以前にはドイツの二枚重ねの地層、ダイアスの訳語の二畳紀を使ったりしました。中生代は、ドイツの三枚重ねに見える地層から三畳紀、フランスとスイスの国境ジュラ山脈によるジュラ紀、およびチョーク（白亜）層による白亜紀が区分されています。新生代は古くからヨーロッパで使われてきた、第三番目の意味の第三紀（現在は、古第三紀と新第三紀に分けて用いられる）と、第四番目の第四紀に区分されています。第一紀と第二紀は19世紀の中ごろまで使われていましたが、現在は使われていません。地質年代の区分に「代」と「紀」を用いていますが、さらに区分するときは「世」を、より細かくは「期」を使います。これらは化石の出現や絶滅にもとづいた時間のようなもので、これに対応している地層のまとまりには、別の用語を使います。古生代の地層は古生界といい、ペルム紀の地層をペルム系というように、「代」、「紀」、「世」、「期」に対して、「界」、「系」、「統」、「階」を使います。

これらの時代の地層は、同じ地域で見られるわけではありません。あちこちの地層と化石をつぎはぎして、地質年代表がつくられています。古生代カンブリア紀より古いところは、化石がまれなため先カンブリア時代としてまとめられていました。しかし、近年の地質調査の結果とあわせて放射性元素を利用した年代測定ができるようになって、冥王代、始生代、原生代と大きく区分されています。

より連続した地層であればあるほど、より詳しい情報を得ることができるので、いまなお地層がよく露出した崖を探しながら研究が続けられています。地質年代表区分の元になった地層のあるところは、世界の標準となった模式地としてたいせつに保存されます。現在に続いている第四紀の地層・第四系は、現在の地球環境がどのような変遷の結果なのか、これからどのように変動するのか、現代の私たちの生活を考えるうえでもとてもおもしろい材料です。

深海底にも記録されていた

陸域の生層序研究の進展にともなって、地質年代表は改定されてきましたが、１９６８年にはじまったアメリカ合衆国のグロマー・チャレンジャー号による深海掘削計画と、その後、現在まで続いている国際深海掘削計画で、興味深いことがたくさん明らかになっています。海洋底には、海中で浮遊生活をしていた小さな生物の遺骸と細かな粘土が降り積もっています。この堆積物は乱されることなくたまっているので、船上からのボーリングで掘り抜かれたコア試料は、小さな生物の化石の移り変わりの記録となっています。この極く小さな生物の化石を微化石といいます。それには、植物プランクトンの珪藻、動物プランクトンで石灰質の有孔虫やナンノプランクトン、ケイ質の放散虫などがあります。これらを使って、海洋底のできた年代が推定されました。第２章で述べるように、この成果はプレートテクトニクスの証明にも役立ちました。また、有孔虫化石の酸素同位体比から平均水温がわかるのを利用して、連続コア試料が現在から過去へとさかのぼって調べられました。そこには寒暖のリズムが記録されていて、氷期・間氷期の気候変動がみごとに解読できることがわかっています。

進化論がうらづける地質年代

いろいろな化石が次から次へと出てくるのは、時代ごとに古い生物が絶滅し、新しい生物が出現したためと考えられます。キリスト教神話のノアの洪水から、生物種は不変、あるいは進化する、といった考え方の対立が続いていましたが、1859年にダーウィンが『種の起原』で自然淘汰説を述べてからは、生物は進化すると考えられるようになりました。このことは、理論的な裏づけがなくおこなわれてきた地質年代の区分法を、はじめて科学的に支えてくれることになりました。地球の歴史において化石の変遷を見ると、原始的なものから、次第に複雑なものへと多様化し、進化してきたことがわかります。そのなかで最も劇的な変化があったのは、ほとんどの無脊椎動物が爆発的に出現したカンブリア紀です。古生代末には三葉虫や紡錘虫《ぼうすいちゅう》（フズリナ）が絶滅し、中生代末にはアンモナイトや恐竜が絶滅しています。新生代には、哺乳類や被子植物が全盛となり、人類が出現して現在にいたっています。人類が地球環境に与えた影響が甚大であるとの主張から、最近〝人新世《ひとしんせい》〟という区分が提案されていますが、地層と化石で特定してきた区分とは異なって、世界中に適用できる始まりの年代を特定できないため、まだ広く支持されてはいません。

放射性元素で目盛りをつける

地層と化石の研究からできた地質年代表は、いくら詳しくなってもそれぞれの時代が今から何年前なのか、何年間続いたのかなどはわかりません。地質年代というモノサシに、化石では解決できない目盛りを刻む必要がありました。これを解決に導いたのが、放射年代測定法でした。

新しい年代を決める方法は、１８９６年にフランスの物理学者ベクレルがウラン化合物から放射能が出ているのを発見したことに始まります。その後、キュリー夫妻やラザフォードらが、放射性元素が決まった割合で崩壊して他の元素に変わることを発見しました。放射性崩壊は温度・圧力に関係なく、時間の経過だけを記録しているので、このことを利用して岩石や鉱物の年代測定ができると考えられました。放射性元素（親元素《おやげんそ》）が規則的に崩壊して別の元素（娘元素《むすめげんそ》）になりますが、その割合が決まっていて、親元素が半分になる年数を半減期といいます。そのため、親元素と娘元素の量比を測れば、何年かかって崩壊したのかがわかります。

長い地球史を知るためには、長い半減期の放射性元素が役立ちます。半減期が短い元素では、もとの元素が残らないからです。12・5億年の半減期でアルゴン（Ar）40に変わるカリウム（K）40（K‐Ar法）や、４８８億年の半減期でストロンチウム（Sr）87に変わるルビジウム（Rb）87（Rb‐Sr法）がよく使われます。それらが火成岩や変成岩の造岩鉱物、黒雲母や白雲母、角閃石、カリ長石に含まれているからです。ウラン（U）が鉛（Pb）に変わる（U‐Pb法）ことや、トリウム（Th）が鉛（Pb）に変わる（Th‐Pb法）ことも、風化に強い鉱物であるジルコンを用いた年代測定に使われます。10万年より若い年代では、５７３０年の半減期で炭素（C）14が窒素（N）14に変わるのを利用した炭素14法が、木片や燃えかすや古文書などを対象に使われています。

最古の岩石は

放射年代測定で岩石の年齢がわかるようになりましたが、測定されたのはもっぱら火成岩です。地質年代が堆積岩の地層と化石からつくられていたので、火成岩と堆積岩の地層の関係がわからないと、放射年代は地質年代表の目盛りにはなりません。そのため、年代が決まった火成岩がどの地層より古くて、どの地層より新しいかといった、地層と火成岩との地質学的関係を確かめることが重要となりました。10億や20億といった古い年代が測定されていくと、地球の年齢に誰もが関心をもち、最古の岩石探しに注目が集まりました。しかし、いくら測定しても、40億年を超える年代は発見できず、それ以前の記録は地球から消えてしまったかのようでした。現在、地球上で知られている最古の年齢は、西オーストラリアのナリア山地ジャック・ヒルズの堆積岩中のジルコンで測定された約44億年です。ところが、地球の年齢は、他のことから推定されることになりました。月面探査により月から持ち帰った岩石の放射年代は約45億年でした。そして、隕石の年代はほとんどが45・5億年で、おそらく太陽系ができた頃を示すものでした。これらから地球の年齢も同じと

地質年代表

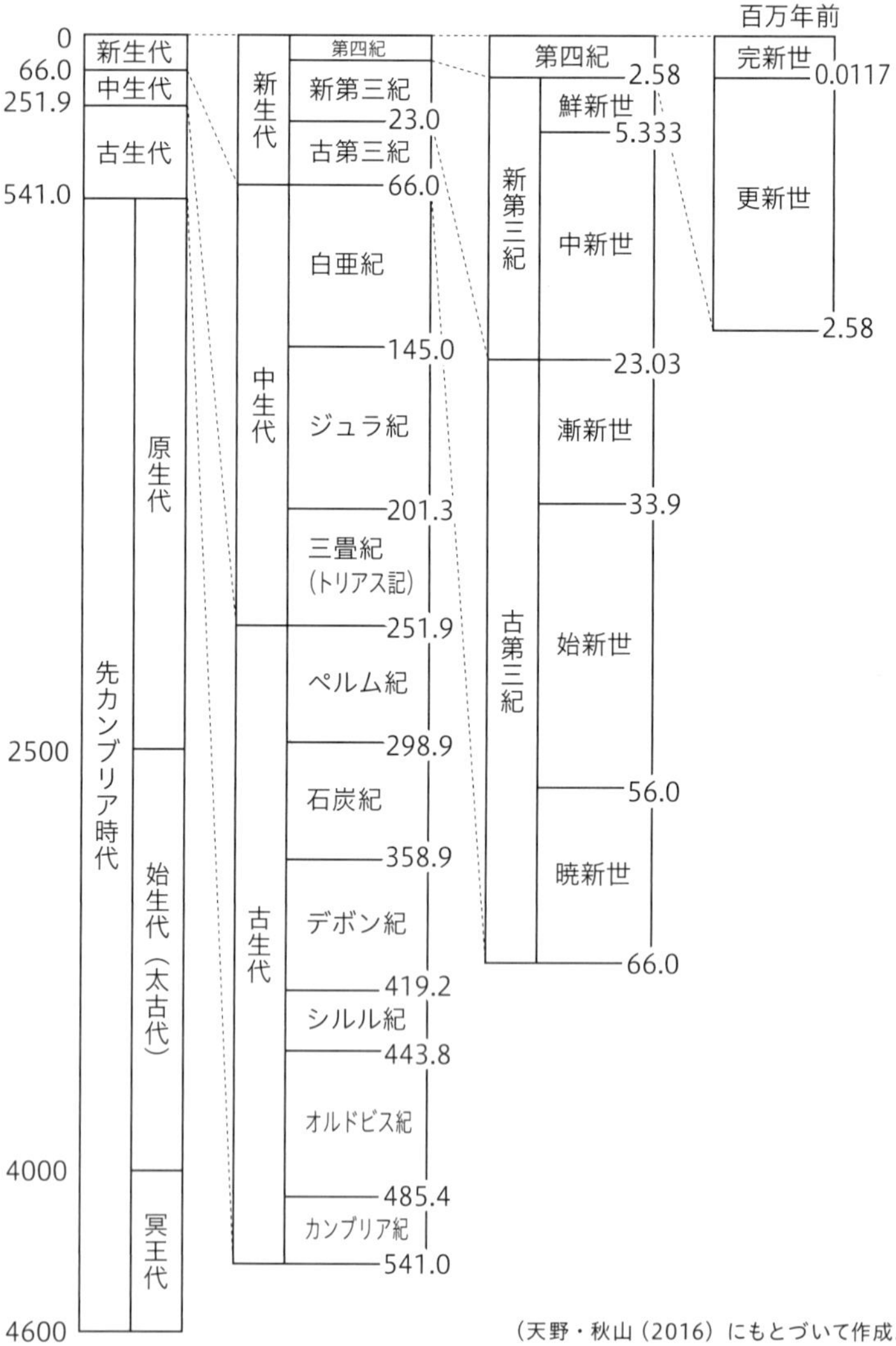

（天野・秋山（2016）にもとづいて作成。
年代値は国際層序委員会（2017）による）

推定され、おそらく40億年よりも前に古い記録を消すような大事件があったのだろうと推察されました。このことが隕石の襲撃とマグマ・オーシャンの形成、そして原始大気と原始海洋の誕生につながってゆくのです。

先カンブリア時代の岩石でも年代がわかるようになると、放射年代から先カンブリア時代にも大規模なマグマ活動や変成作用が何度もあり、造山運動が起こっていたことも明らかになりました。先カンブリア時代の地層からも、原始的な生物の化石が発見されており、20数億年前の地層にも微生物の化石が認められています。このように放射年代は、岩石や鉱物だけでなく、生命の起源を考えるうえでも欠かせない情報になりました。

04 地質からわかることは

地質を地質図に表現する

ある地域の地質調査は、露頭をくまなく踏査《とうさ》して観察し、地層と岩石の産状を記録しながら、それらを地形図に書き込む野外調査からはじまります。これが地質調査の基本です。まず、その地域がどんな地層や岩石でできているのか、その地層や岩石がどんな性質のものでどのような状態にあるのか、お互いにどんな関係にあるのかなどを調べます。岩石試料や化石をたくさん採集し実験室で分析しますが、岩石の成因を知るための偏光顕微鏡観察、鉱物のＸ線粉末回折、化学分析、古地磁気測定、放射年代や同位体比の測定、化石種の同定など、室内作業はいろいろあります。調べたことのうちでだいじなのは地質年代で、地層や岩石を地質年代順に配列して、その地域の生い立ちがわかるように整理します。この室内作業の結果と野外で地形図に記録したデータとをあわせて、地層と岩石の分布を色分けして地形図上に表現したものが地質図です。

地質図を読む

地質図から、地層が形成されてきた順序（層序）がわかり、それを貫く火成岩や変成岩の広がりもわかり、さらに火成岩などをおおう地層や火山噴出物の分布などもわかります。こうして、ある地域の生い立ち、地史が組み立てられ、地球環境の変動や造山運動といった変動史をまとめる基礎的な情報を提供することになります。

多くの研究者の長年にわたる地道な地質調査の結果、現在では日本列島がどのような岩石や地層から成り立っているかがわかっています。もちろん、ボーリングなどで掘り進めて得られた地下情報と露頭観察による地表情報を合わせて、地質が周辺と矛盾していないかも確認され、検討されています。それらの成果は、つねに最新の地質図に反映されるように、まとめる努力が続いています。

日本列島全域の地質図としては、1992年に旧地質調査所から「100万分の1日本地質図第3版」が発行されています。これは、近年の研究結果を取り入れて改変されたものです。現在は、産業技術総合研究所の地質調査総合センターが、20万分の1地質図幅をもとに編集したシームレス地質図をインターネット上で公開しています。

地質図は、〝地質図を見る〟のではなく、〝読む〟といいます。たとえば、地層の傾斜と地形の凹凸から、地層が地下でどのような3次元構造となっているか、さらに地質年代を加えると4次元の情報がわかるからです。また、火山地域であれば、火山

シームレス地質図

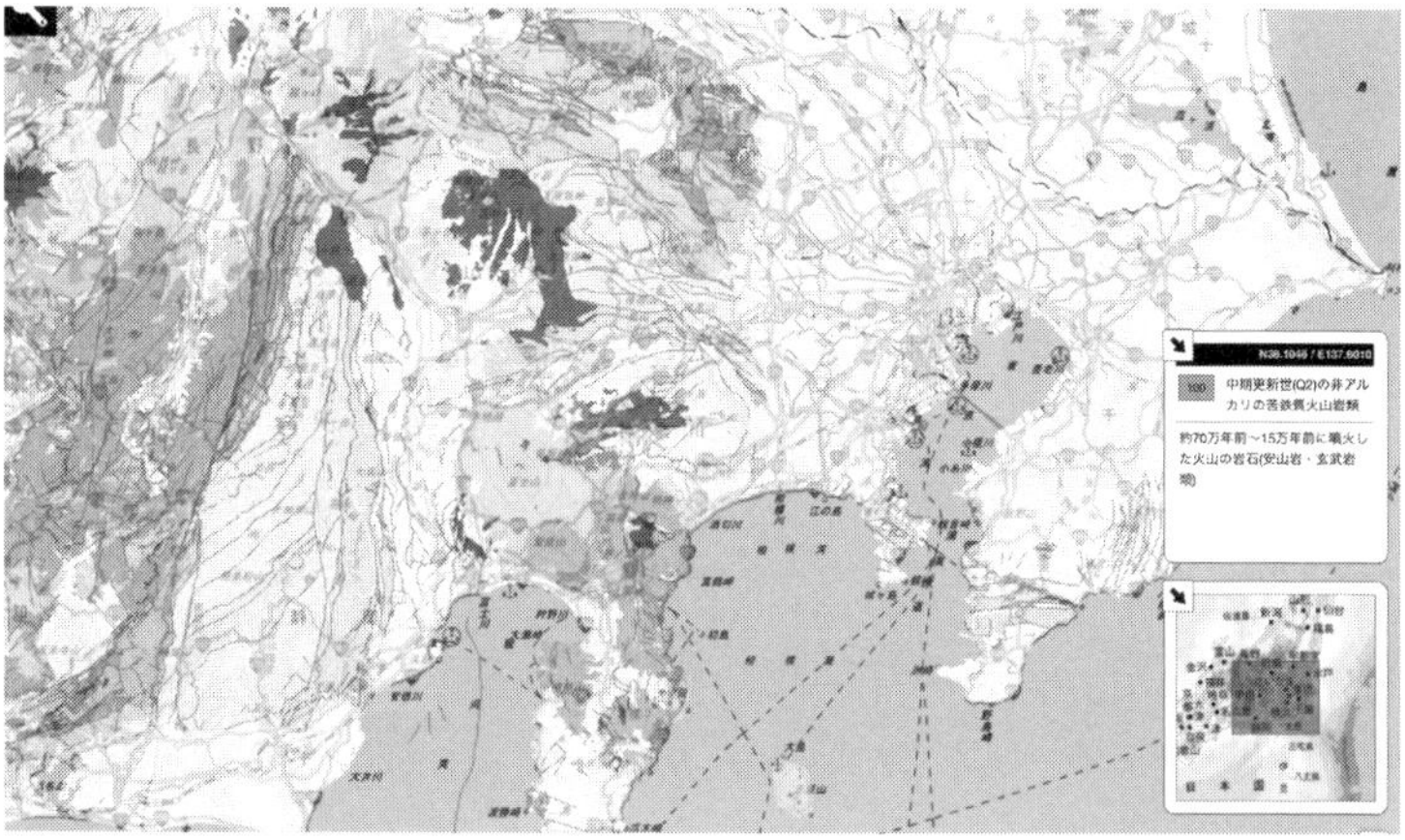

地表に分布する地層や岩石を調査し、その分布を国土地理院の地形図の上に重ね書きした地質図としては、5万分の1、20万分の1、50万分の1などの縮尺のものが公開されている。地層・岩体の種類や形状、地質の構造、化石や資源の分布など、幅広い情報を記号や数値で示しているので、地下の地質分布まで読み取ることができる。
シームレス地質図のもとになった地質図は地域毎にシートになっているが、そのさかいめで、地層の境界などがずれていることがある。それを調整し、つなげているためシームレスとよんでいる。

がどうやってできたか、その形成史を読むことができます。山岳地帯ならば、その山並みの生い立ちを、断層があれば、それがいつ、ずれ動いたのか、などを読むことができます。東京の街ならば下町と山の手の違いがどうやってできたかがわかり、地表だけでなく地下の構造も推定できます。地質図を読むことができると、自然についてもまた違った認識ができます。人間がもつことができる時間を超えた、はるかに長い地球の時間軸の中での歴史を読むことができます。

地球の変動を記録

地層はほぼ水平にたまって形成されたので、静かに隆起していれば、断面では地層の境界面はほぼ水平な縞模様に見えるはずです。しかし、この縞模様が傾いたり、切られてズレたり、ときには曲がっていたりします。それは地球の大きな働き、地殻変動をあらわしています。地層がどのような力を受けて変形したのかを調べることは、地質のでき方を理解する大きな手がかりとなります。

地層の縞模様がズレているのは、大きな外力が働いて「断層」ができたからです。割れ目である断層面が斜めに傾いているとき、一方がズレ落ちていると引っ張りの力が働き、一方がのし上がっていると押しの力が働いた、といったことがわかります。前者を正断層、後者を逆断層といいますが、逆断層の中でも傾斜がゆるいものは衝上《しょうじょう》断層といいます。これらのほかに、上下のズレよりも水平的に横ずれしている断層もあります。地質図をまとめるとき、断層は地層の連続性を断って、その分布を複雑にするので、その位置や延長方向はたいへん重要です。規模の大きな断層は、地形

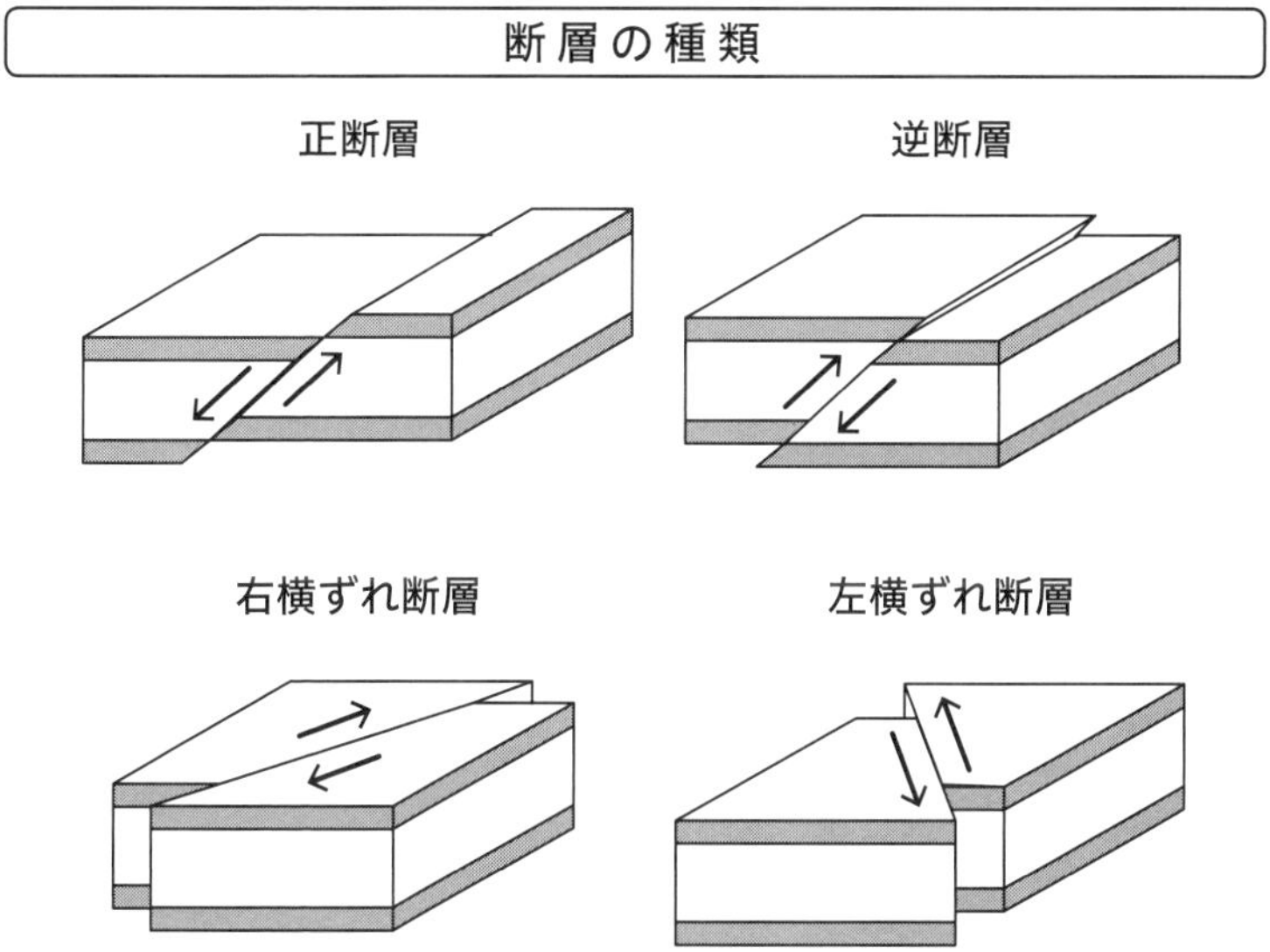

断層の種類
右横ずれ断層は、断層に向かって見た時に、断層の向こう側のブロックが右に動くものをさす。左横ずれ断層はその逆。

（天野・秋山（2016）による）

に線状に現れていたり、断層のズレが谷や尾根の曲がりやズレとして現れていたりします。

　また、地層が傾斜しているのは、広域に調べてみると、大きく波うって曲がっている一部を見ていることが多く、広域に横圧力が働いていたことがわかります。これを「褶曲《しゅうきょく》」といいます。著しく褶曲した地層は、断面では折りたたまれた布団のように見えます。大規模な褶曲構造は、地層の傾斜と分布から地質図に表現されますが、広域の地質図からは、地質時代における地球規模で働いた営力を読みとることができます。

　岩石は硬く、簡単には変形しな

いように見えますが、ゆっくりと力を加えていくと変形します。それは岩石破壊実験で確かめられています。ゆっくりと岩石に圧力をかけて押しつぶしていくと、岩石は縮みます。しかし、力を抜くと岩石はもとに戻ります。バネやゴムを引っ張ると伸びて、離すともとに戻るのと同じ現象で、弾性変形といいます。弾性変形をした後もさらに力を加え続けると、力を抜いてももとに戻らなくなり、粘土のように変形します。これを塑性《そせい》変形といいます。さらにもっと力を加え続けると、岩石は割れてしまいますが、こなごなに砕け散るわけではなく、ある面に沿って割れます。この面が断層です。

千葉県屏風ヶ浦に見られる正断層

和歌山県すさみ町天鳥海岸の褶曲

関東ローム層が記録するのは

日本最大の平野、関東平野を地質図で見ると、関東ロームまたは関東ローム層が広く分布しています。もともとロームという言葉は、単に砂、シルト、粘土などがほどよく混じった土壌や堆積物のことをさしているのですが、関東平野の崖でよく見られる、赤土といわれる地層を関東ロームとよんできました。それは、含まれる鉄分が陸上で酸化して赤褐色になったもので、東京近郊の段丘《だんきゅう》をおおう火山灰起源の堆積層として、その地質学的特徴と形成史が詳しく調べられています。

関東ロームは、関東地方やその近辺にある富士・箱根・愛鷹《あしたか》といった火山や、浅間火山・榛名火山・赤城火山・男体山火山などの火山灰が、堆積したものであることがわかっています。これらの火山が噴火して、風で運ばれて降り積もった火山灰が地表に積み重なった層です。

関東ローム層という名前は全国的に知られていますが、「赤土だと聞いていたのに、関東へ来てみたら黒土だ」という人もいるかもしれません。栃木県鹿沼《かぬま》付近に典型的に出ている鹿沼土は、園芸用に販売もされていて、これはきれいな赤土です。しかし、東京郊外や周辺では、赤土よりも圧倒的に黒土のほうが目立つので、そう思う人がいてもふしぎではありません。これは、ロームの赤土の上に、植物起源の黒色の土壌がのって堆積しているからです。

東京近郊の関東ローム層は、古いものから順に、多摩ローム、下末吉ローム、武蔵野ローム、および立川ロームの4層が区分されています。これらと河川に沿った段丘や海岸段丘との関係を見ると、古く形成された段丘には4層すべてのロームが堆積していますが、より後で形成された段丘には、古いローム層は堆積していないことがわかります。関東ローム層からなる地質は、世界的な海面変動と隆起運動がつくった段丘と火山噴火の活動とを記録しながら、生活の場となった台地を保護してくれたのかもしれません。

05 地質学とはどんな学問か

長大な時間の認識が地質学の得た大きな成果

ビッグバンから未来に至る長い時間の中に人類の歴史を位置づけ、私たちがどこから来てどこに行くのかを、自然科学、社会科学、人文科学など学際的に追求するという動きが最近盛んになっています。長大な時間の流れを考えることが、人類にとって重要であることが強く意識されてきているといえます。

地質学は初期の段階から、地球の発展にかかった長大な時間についてじっくり考えてきました。本書でも記述したとおり、層序学といった古典的分野においても、「地球という書物」のなかでばらばらになった「地層というページ」を一ページずつめくり、それを整理して地球形成から現在までの時間の流れを明らかにしてきました。これは、自然科学分野の中で地質学が果たした大きな成果であり、人類の自然認識に影響を与えてきました。放射性元素を利用して具体的な年代値を与えることができてからは、その影響は一層大きなものとなっています。

精密な物質科学としての重要性

一方、地質学では、鉱物・岩石・地層・化石などを物理・化学・生物学的手法により解析、実験することも重要な側面です。厳密な自然科学的手法を駆使することにより、地球の姿をより精密に明らかにしているのです。学問としては、扱う対象により、「古生物学」、「岩石学」、「鉱物学」、「火山学」、「海洋学」、「第四紀学」、「構造地質学」など専門分野毎に細分化されてきています。

専門化し細分化していく学問分野に地球物理学などの関連学問分野との連携も、地球を理解するためには必要不可欠となってきました。そのために２００５年に「日本地球惑星科学連合」が発足し、地球を理解する学術研究の振興と広報普及に寄与することを目的に、活発な活動が展開されています。

第2章

地球の内部はどうなっているのか

**地球の昔の状態を明らかにするためには、
地球科学の全分野の協力が必要である。
そして、そのようなすべての分野にわたる証拠を総合することによって
はじめて真理に達しうるのである。——ヴェーゲナー**

都城秋穂・紫藤文子（訳）『大陸と海洋の起源』岩波文庫1981年

沖縄県石垣島大浜海岸

01 地球の内部をどのように探るか

地球はホントに丸い？

私たちが、地球を遠く離れたところからはじめて眺めたのは、アメリカの有人宇宙飛行船アポロ８号から撮影された月面から上る地球、「地（球）の出」の写真でしょう。それはＮＡＳＡが１９６８年に公開したものですが、地球は丸くて宇宙に浮かんでいる星のひとつという疑似体験ができたと思います。また「空は暗いのに、地球は青みがかっていた」と、１９６１年に最初の宇宙飛行士となったソ連のガガーリンが述べた感想は、私たちに地球はむしろ〝水球〟かという印象を与えてくれました。

水が液体で存在しているのは、太陽系の中で、太陽から奇跡的な位置関係にある地球だけです。他の惑星では、水は氷か水蒸気の状態となっています。わずかに木星の衛星エウロパの内部に液体として海があるのではないかと推定されています。太陽系外の惑星では、いくつか液体としての水を持つらしいものが発見されています。それらのうち、宇宙誕生後10数億年という天体もあり、その頃から水があったと考えられています。液体としての水は、生命活動を支えているので特に重要ですが、地質現象を考えるうえでもたいせつなものです。

地球は球として考えられてきた

地球は、大地と球という概念をあわせた用語で、中国の明朝の時代に宣教に成功したイタリア人司祭のマテオ・リッチ（中国名で利瑪竇《りまとう》、1552‐1610）による造語といわれています。彼の著書『両儀玄覧《りょうぎげんらん》』で初めて使われたとされ、彼の世界地図『坤輿萬國全図《こんよばんこくぜんず》』は日本にも伝わっていて、江戸時代にはすでに地球という言葉が使われていたようです。ポルトガルの司祭フロイス（1532‐1597）による『日本史』には、天正8年（1580）に織田信長が地球儀を持っていたことが記されています。

大地が球体であることは、古代ギリシャのプラトン（紀元前427‐347）が述べており、科学的常識として継承されています。エラトステネス（紀元前276‐194）が地球の円周を測ったのは、地球が丸いと思うとか、丸いかもしれないといった認識ではなく、丸いと確信していたからです。また、プトレマイオス（83?‐168?）は、天動説をとっていましたが、地球上の位置を緯度と経度で表現しています。生活に便利な暦《こよみ》をつくるために太陽や月を観察してきた人々は、地球を、日常的には平らな大地でも天体としては球と考えていました。そして、農地として利用でき資源をもたらしてくれる最も身近な大地、その成り立ちや生い立ちには、誰もが強い関心をもっていたに違いありません。

地球をもとに単位を考えた

地球の運動とその形や大きさから、私たちが使っている時間や長さ、重さの単位が考えられてきました。紀元前３０００年を超えるはるか昔から、農業のための正確な暦が必要とされ、太陽・月・星の運行が観測されてきました。メソポタミア文明を築いたとされるシュメール人と後継者のバビロニア人たちは60進法を用い、日時計から1日を昼と夜に、それぞれ12等分し、1時間を60分とする時間を考えだしました。ギリシャ人とユダヤ人たちは月の位相変化から30日の太陰暦を考え、12回の新月に5日を加えて1年としました。

地球が球体ではなく楕円体であることを、ニュートン（１６４３‐１７２７）とホイヘンス（１６２９‐１６９５）が指摘し、このことをブーゲ（１６９８‐１７５８）らが低緯度で、クレロー（１７１３‐１７６５）らが高緯度で、それぞれ子午線弧長の測量をおこなって証明しました。地球の大きさが正確に測られるようになりましたが、当時は長さや重さの単位が国ごとに異なっていて不便でした。そこで、フランス王立科学アカデミーがそれらの標準化を考えました。１７９１年から１７９８年にかけてフランスのダンケルクとスペインのバルセロナ間の距離（北極と赤道間の10分の1に相当）を三角測量で測定し、その結果にもとづいて、１７９９年にメートル原器がつくられました。その後メートルを世界の基準の長さと決定したのは68年後の１８６７年のパリ万博で、メートル条約が締結されたのは１８７５年でした。地球の重力による重さ・質量についても、

1889年にキログラム原器がつくられて、世界共通の単位として使われることになりました。人類共通の単位を求めることは、科学ばかりか生活にもたいせつなことでしたが、そのもととなったのは地球の自転・公転や大きさでした。科学が進んだいまでは、原器といった物ではなく、物理定数にもとづいた自然の単位で定義されています。

地球はどこからきたのか

宇宙の広がりかたや放射性元素の研究から、宇宙はおよそ138億年前に生まれたと考えられています。このなかで地球はどのようにできてきたのでしょうか。

太陽系が生まれていなかった頃、銀河系には星間雲《せいかんうん》がただよっていました。星間雲はわずかに固体微粒子を含みますが、大部分は水素やヘリウムのガスで、圧力のバランスがやぶれて収縮しはじめ、恒星のもととなる原始星が生まれました。原始星は星間雲の大部分を中心に集めて恒星となり、残ったものが周りに円盤状の星雲をつくりました。これが原始太陽系星雲で、中心の恒星が太陽です。

原始太陽系星雲は、冷えていくにつれ、ガスの中にできた固体微粒子同士が衝突合体して大きくなり、円盤状の固体粒子の層に収縮していきます。その密度が濃くなって円盤が壊れ、無数の小さな塊に分裂します。さらに、これが収縮して直径10㎞ほどの微惑星となり、太陽の周りを回りながら、微惑星同士が合体して原始惑星に成長していきます。原始惑星は重力が大きいので星間雲のガスをひきつけ、微惑星を集めて大きくなり、原始惑星同士も衝突して成長し、ついには惑星となります。こうして地球をはじめ８つの惑星が、同じ方向に回転していた原始太陽系星雲から誕生しました。銀河系の星間雲が収縮しはじめてから約１千万年の間のことと考えられています。この頃には、原始太陽も進化して水星の軌道よりも内側になっていて、強烈な太陽風を出して惑星間や惑星をとりまくガスを吹き飛ばしていたと考えられます。

地球型惑星と木星型惑星

太陽系の惑星には、地球型と木星型の２つのタイプがあります。地球型惑星は、軌道半径がより小さい水星、金星、地球、火星です。密度が３・９～５・５ｇ／㎤で、主に固体物質・岩石からできている小さな惑星です。木星型惑星は、軌道半径がより大きな木星、土星、天王星、海王星です。密度は０・７～１・７ｇ／㎤で、大きな惑星です。木星型惑星には、中心に固体の核がありますが、周りは水素やヘリウムの流体からできていると考えられています。

地球型惑星は、固体の微惑星からつくられ、原始惑星の頃に周囲をとりまいていたガスが吹き飛ばされてしまったものです。しかし、木星型惑星では、公転軌道周辺に多量の物質があったため大きな惑星となり、その重力圏内に水素やヘリウムのガスが膨大に取り込まれました。そのためガス内の圧力よりガス自身の重力が強くなってしまい、原始惑星をとりまいていた固体物質の上に水素・ヘリウムの流体層をつくったと考えられています。地球型惑星の火星と木星型惑星の木星の間に小惑星帯がありますが、それがどのようにできたのかは、まだよくわかっていません。

隕石が教えてくれる

太陽系ができた頃を記録しているのは隕石です。隕石のような小さな天体は、熱源をもっていてもすぐに冷えてしまい、できた当時のことをそのまま保持しています。そのことが、原始太陽系の研究には、隕石を調べるのがひとつのよい方法となっている理由です。この研究分野が隕石学で、地球のでき方を考えるのに役立っています。隕石の中には、太陽系ができる前からあったと思われる結晶や鉱物もあって、宇宙の進化を探る手がかりにもなると考えられています。

隕石は、砂漠や南極で多く発見されています。周りに似たようなものがないので目立つからでしょう。１９６９年に日本の南極観測隊が発見した〝やまと隕石〟がきっかけとなって、南極の氷床上から2万5千個以上の隕石が採取されています。それらの中には、火星や月を起源とする隕石もあることが知られています。隕石は、岩石や鉱物を調べるのと同じ手法で分析され、原始太陽系を探求する重要な研究素材となっています。

隕石のいろいろ

小天体で融解が起こると、重力で成分が分離して、重い金属が集まって中心核をつくり、その周りを岩石質のものがおおってマントルとなります。マントルの語源は外套のマントです。小天体が壊れて、隕石になっていったと考えられます。

鉄隕石は鉄とニッケルからなり、地球の核も似たようなものと推定されています。石鉄隕石には、金属の中にかんらん石だけが入っているものと、いろいろな鉱物が入っているものとがあります。石質隕石には、粒径２㎜以下の球粒（コンドリュール）をもつ球粒隕石（コンドライト）と、球粒のない無球粒隕石（エイコンドライト）とがあります。隕石のほとんどが球粒隕石で、すべての隕石のもとである始原的隕石といわれています。この中に、有機物を含む炭素質コンドライトがあり、宇宙で有機物がどのようにつくられるのか、生命の起源とも関連づけて注目されています。無球粒隕石はあまり多くありませんが、溶けたマグマからできたようで、地球の岩石と区別しにくいものもあります。

地球はどのようにできたのか

地球が原始惑星のとき、隕石と同じように、金属のようなものも、岩石のようなものも一緒に混じっていたと考えられます。そこにいくつもの微惑星が衝突してくると、重力エネルギーが熱となって放出され、表層部の温度が高くなります。さらに原始惑星が大きく成長するにつれ、温度はさらに高くなり、現在の地球に近い大きさになると、表層温度は著しく高温になり、内部も大部分が溶けるほどの高温になっていたと考えられます。

このような状態では、金属の鉄やニッケルは分離して中心に沈んで核を形成し、周りを岩石質のマグマのようなものがとりまき、地表近くでは冷えてマグマの分化作用が起こり、原始地殻がつくられたと思われます。鉄やニッケルが沈むときに放出する重力エネルギーも、地球内部をさらに高温にしたと考えられます。地球内部が大きく3つの層状構造になったのは、かなりはやい時期であったといえるようです。

大気と海洋はいつできたのか

地球の現在の大気は、窒素（N_2）と酸素（O_2）のガスからなり、海洋は水（H_2O）からできています。これらは、いつ頃に、どのようにしてできたのでしょうか。

原始地球ができていくときには、星間雲ガスがとりまいていましたが、地球ができた頃にはガスは吹き飛ばされてなくなり、地球の表面にガスはほとんどなかったと考えられています。その後、地球の内部が高温になって溶けるとともに、揮発性成分が分離して内部からガスが抜けると考えられます。中心核ができるときの重力エネルギーの放出も、ガスが抜ける原因になったといわれています。地球内部から抜けたガスは、火山ガスのような窒素、二酸化炭素（CO_2）、水蒸気からなっていました。それらが原始大気をつくり、原始大気の中の水蒸気が凝結して雨となって地表に降り注ぎ、原始海洋をつくったと考えられます。このようにガスが抜けた時期は、地球が誕生してから2～3億年以内であったろうと考えられています。

地球の脱ガスの証明

地球からガスが抜けたこと（脱ガス）は、現在の地球大気に約１％含まれているアルゴン（Ar）で証明されています。アルゴンには、質量数が36、38、40の３つの同位元素があります。大気中のアルゴンの99・7％がアルゴン40です。つまりほとんどがアルゴン40で、大気を代表しているといってよいでしょう。アルゴン40がどこからきたかというと、放射性元素カリウム40の崩壊によるものです。カリウム（K）は地球の岩石に多量に含まれている元素で、その同位元素のうちのカリウム40からできたものです。カリウム40は、半減期約12億年で崩壊して、アルゴン40とカルシウム40になります。地球内部に崩壊してたまっていたアルゴン40は、地球内部が高温になって脱ガスが起こったときに、岩石から放出されて、大気中のアルゴンになりました。このように、地球の大気は、海洋となった水分も含めて、固体としての地球から放出されたと考えられます。大気と海洋、これは地球が私たちにくれた最高の贈り物です。

生命をはぐくんだ海洋

脱ガスしてできた原始大気は、酸素がないものの、現在の大気とほぼ似たようなものでした。水蒸気が冷えて海洋ができると、二酸化炭素（CO_2）が海洋に溶け込み、カルシウム（Ca）と反応して石灰岩（$CaCO_3$）となり、大気中の二酸化炭素は減っていきました。

原始大気・原始海洋の中で、どのように生命が誕生したのかは、よくわかっていません。30数億年前に生命が現れ、そのうち光化学反応によって酸素がつくられ、酸素が増加していくと、大気と海洋の組成が変わり、地球環境も大きく変わっていきます。

メタン（CH_4）やアンモニア（NH_3）や水からなる還元的な気体の中で、放電して有機物をつくったミラー（1930－2007）とユーレイ（1893－1981）の実験は有名ですが、現在ではそれと初期地球の環境条件は異なっていたと考えられています。また、隕石の中にも有機物のあることが知られていて、地球外起源の有機物もあります。生命がどこで、どのように生まれたのか、それはいまだ謎につつまれていますが、海洋の中ではぐくまれたことは確かなことです。

02 地球を深く掘り下げる

人はどこまで深く行けるのか

宇宙へ進出を果たした人類にとって、未知の世界として残されているのは海洋といってよいでしょう。国立研究開発法人海洋研究開発機構所有の有人潜水調査船「しんかい6500」で、潜ったとしても、広い海洋底を網羅して直接観察することは不可能です。そのため、音波や無人の潜水艇などを利用して、間接的に情報を得る工夫がなされています。陸上についても同様で、地下深く掘って直接観察しようとしても、簡単なことではありません。それでも、建設工事や資源獲得に関連して地下を掘り進めて、地質の直接観察、ボーリング・コアの採取、鉱石や石炭や石油の採掘などがおこなわれてきました。

陸上で最も深く掘られているのは、ロシアの北西部ムルマンスク州コラ半島の科学掘削の深層ボーリングによるものです。１９７０年に開始して１９８９年に深さ１２２６１ｍに達しました。さらに深く掘ることを目指しましたが、温度が２００℃近くまで上昇し、１９９２年に掘削を断念しています。これでも地球半径の０・２％の深さでしかありません。わが国は資源探査や地熱開発のための掘削技術は優れており、新潟県での基礎試錐《しすい》では６０００ｍをこえています。人が入れる深さとしては、たとえば南アフリカのムポネンやタウトナ金鉱山が地下４０００ｍ近くまで達しており、岐阜県の旧神岡鉱山跡のスーパーカミオカンデは地下１０００ｍほどのところです。しかし、地下深部の広がりは、まだまだ人類未踏の世界です。

地下を掘る挑戦は続く

アメリカ映画で描かれたような、地下深くまでの地底旅行はとても無理ですが、陸域でも海洋底でも、地下がどのような岩石からできているのか、どのような状態になっているのか、誰もが知りたいことです。そして、実際に試料を手にとり、眼で確かめて調べたいと思っているのではないでしょうか。なお、掘削コアの中に含まれる微生物を調べると、これまで予想していたよりも深いところに、その存在が確認されています。光もとどかず、酸素もないところの、地下生命圏の世界は、地球初期の生命誕生の手がかりを与えてくれるかもしれません。地球の秘密を解き明かせるところをねらって、地球内部のマントルへの到達を目指しつつ掘り抜いて、試料を採取する努力が続いています。

陸域を掘削する

陸域では、資源探査や地熱開発などで、多くのボーリングがなされています。また、耐震化に関連して、あらゆる建設工事でボーリング調査が実施されて、地下の地質情報が蓄積されています。これらは社会生活にも大いに役立ちます。地下の掘削は、モニタリングへの利用や技術革新も含めて、欠くことのできないものです。

科学掘削としては、国際陸上科学掘削計画（ICDP: International Continental Scientific Drilling Program）があります。１９９６年からドイツ、米国、中国の主導で始まった計画で、日本は１９９８年より参加しています。気候と生態系、持続可能な地下資源、自然災害の科学テーマのもとに、地球変動史を明らかにするのが目的です。日本では海洋研究開発機構が代表機関に、日本地球掘削科学コンソーシアムの陸上掘削部会が代表窓口となって研究を進めています。

海洋研究開発機構（JAMSTEC）の地球深部探査船「ちきゅう」　世界でも高い科学掘削能力をもつ。

海域を掘削する

海洋底の掘削の歴史は古く、１９６１年に米国が地球の地殻を掘り抜こうと挑戦したモホール計画に始まります。この意義と技術は１９６８年からの深海掘削計画（DSDP: Deep Sea Drilling Project）に引き継がれ、現在は２０１３年から始まった多国間国際協力プロジェクト国際深海科学掘削計画（IODP: International Ocean Discovery Program）に発展しています。地球環境変動、地球内部構造、地殻内生命圏を明らかにすることが目的のプロジェクトで、地球深部探査船「ちきゅう」の活躍が期待されています。海域の掘削は、海洋底拡大説の証明、プレートテクトニクス理論の確立、地球の環境変動史の解析など、地球の動態を明らかにして科学の進展に大きく貢献しています。また、海洋底の掘削技術は、海底油田の開発と生産にたいへん役立っています。

マントルを目指してより深く掘る

1961年に、アメリカ合衆国がメキシコ沖で掘削を開始したモホール計画は、後で述べるモホ面まで掘り抜くことを目的としていましたが、1966年に運営困難となって、途中で断念せざるを得ませんでした。モホ面より深いところのマントルまで掘削するのは、容易なことではありません。大陸地域では30km以上も深く、海洋地域でも6km以上も深く掘らなければならないからです。それでも、マントル物質を直接採取できれば、地球の活動から進化までわかるだろうと、より深部への掘削が目標となっています。そこで頼りにされるのが、7kmの掘削能力をもつ日本の地球深部探査船「ちきゅう」です。しかし、掘削ドリル先端部の刃や、7km以上もの長いパイプなど、さらなる技術開発が必要になっています。

実際の掘削には、地下の温度も問題です。温度が低いほど掘削には都合がよいので、地下から伝わってくる熱がより低く、かつモホ面までの距離が近く浅いところを探しています。また、中東オマーンのように、地質時代の海洋底が陸上に顔を出している地域も、掘削候補地として調査が進められています。

03 地球の内部構造を探る

地球の内部を探る方法

地質図から地下の構造が読めるとはいえ、それほど深くまで知ることはできません。より深い地質を直接観察するには、資源探査や建設工事あるいは科学目的の掘削・ボーリングに頼らざるをえません。しかし、現在は、陸域の深層ボーリングでは12㎞が最深で、海域では２㎞ほどの深さで止まっています。それでは掘削だけではわからない地殻やマントルなど、もっと深い地球内部は、どのようにして調べるのでしょうか。地球内部を、直接観察することはできないので、地表で観測できる間接的な方法で調べます。それには、地震波、地磁気、地殻熱流量、重力などが利用されます。

地震波は地球内部を伝わって地表まで届くので、内部の情報を反映しています。そのため、古くから地震波が使われてきました。地震波には、波の振動方向と進む方向が平行な縦波（先に届くのでＰ波－primary wave）と、波の振動方向とが進む方向が直交する横波（次に届くのでＳ波－secondary wave）と、地表近くの岩石が振動して伝わる表面波があります。

地震波の反射・屈折を利用する

地震は地下で急に起こる破壊で、起こったところ（震源）から解放されたエネルギーが波として周囲に伝わっていくのが地震波です。地震波は、地球内部に性質の違う境界面があればそこで反射し、屈折します。地球は中心に向かって性質が違います。深くなるほど地震波の速度は速く伝わる傾向があり、下方に進んでいった波も、やがて上向きとなって地表に伝わってきます。震源の真上の地表の点を震央といい、そこから観測している地点まで地震波が伝わってくる時間を走時といいます。地震が起こったとき、震源と発生した時間、さまざまな地点で地震波の観測結果をもとに、震央から観測地点までの距離に対して到達時間をプロットしたグラフを描くことができます。これを走時曲線といいます。この走時曲線から、地球内部を地震波がどのように伝わってきたか、地球内部がどのような速度構造になっているかがわかります。また、どのような岩石・鉱物からなっているかも推定することができます。

地震波が教える地球の内部構造

地震計で地震波を観測するようになってからおよそ20年後の１９０９年に、ユーゴスラヴィアの地震学者モホロヴィチッチ（１８５７‐１９３６）は、震央からの距離が１００〜１５０㎞より遠くの観測点で、２回のＰ波初動が見られることに気づきました。その震央距離のところで走時曲線は折れ曲りますが、それはある深さで地震波速度が急に速くなっていることを意味しています。その深さは大陸では30〜60㎞で、モホロヴィチッチ不連続面（モホ面）とよばれています。海洋域では観測点をつくるのが難しかったため地震観測が遅れていましたが、衛星測量や人工地震、海底地震計の進歩で１９５０年代から観測できるようになり、海洋底では、その深さが６〜７㎞であることがわかっています。このモホ面を境に、表層の方を地殻、内部の方をマントルと区分します。

一方、１９２６年に、カリフォルニア工科大学教授であったグーテンベルグ（１８８９‐１９６０）が、震央から角距離で１０３度〜１４３度の辺りにP波が伝わらないかげの地帯を発見しました。これは、ある深さで地震波が急に遅くなることを意味しています。その深さは約２９００㎞でした。また、そこからはS波が伝わらないことから、それ以上深い所は液状であると推定されました。この境界面でマントルと核（コア）が区分されています。こうして地震波の伝わり方から、地球内部は、地殻、マントル、核に大きく区分されました。

地殻・マントル・核

地殻をつくる物質の密度は、重力から調べられています。地球内部の物質の密度は、深くなるほど大きくなっていて、圧力によって変化することもわかっています。そして、地震波速度が物質の密度に関係していることもわかっているので、これらから地球内部の密度を計算することができます。

地殻には厚さの違う大陸地殻と海洋地殻があります。詳しく調べてみると、大陸地殻は深さ15〜20㎞のところで上部と下部に分けられます。上部の地震波速度は秒速5・5㎞、密度は2・8g／㎤ほどで、構成岩石としては花崗岩で代表されます。下部の地震波速度は少し速めなので、安山岩のようなものと考えられています。しかし、モホ面と比べると、その境界面はあまりはっきりしていないので、上部と下部との区別ができない場合もあります。海洋地殻では、大陸地殻の上部に相当するものはなく、全体として地震波速度は秒速6・5㎞、密度は3・0g／㎤くらいなので、玄武岩質の岩石からなることがわかります。

マントル上部の地震波速度は秒速8・0㎞、密度が3・3g／㎤ほどなので、かんらん岩からなるといえます。マントルでは、震央からの角距離20度付近に走時曲線の折れ曲りが見られ、これは深さ410㎞あたりで地震波速度が急に増加することをあらわしています。さらに深さ660㎞付近でも、地震波速度の変わるところが知られています。この間の領域を遷移層とよんでいます。したがって、マントルは、モホ面から深さ410㎞までを上部マントル、その下から660㎞までを遷移層、さらにその下から2900㎞までを下部マントルとして区分しています。

地球深部をつくっているのは

遷移層をつくる岩石・鉱物は、高温高圧実験から、マントルの他のところよりも水分を多く含んでいる可能性が指摘されています。また、100万気圧、2500℃を超える超高圧超高温の条件下で、地震波速度の精密測定が試みられ、マントルの上部と下部とでは化学組成が異なるかもしれないといわれています。マントルの最下部の深さ２７００km～２９００kmあたりでは地震波速度が異なっていて、そこはD"層とよばれています。超高圧高温実験から、そこはさらに高圧型の鉱物からなることが明らかになっています。

地震波のＳ波が２９００kmで途切れることから、中心核は鉄とニッケルからなる流体のような性質をもつと推定されましたが、かげの地帯にも角距離１１０度付近にＰ波が観測されます。こ

より詳しい地球内部の構造

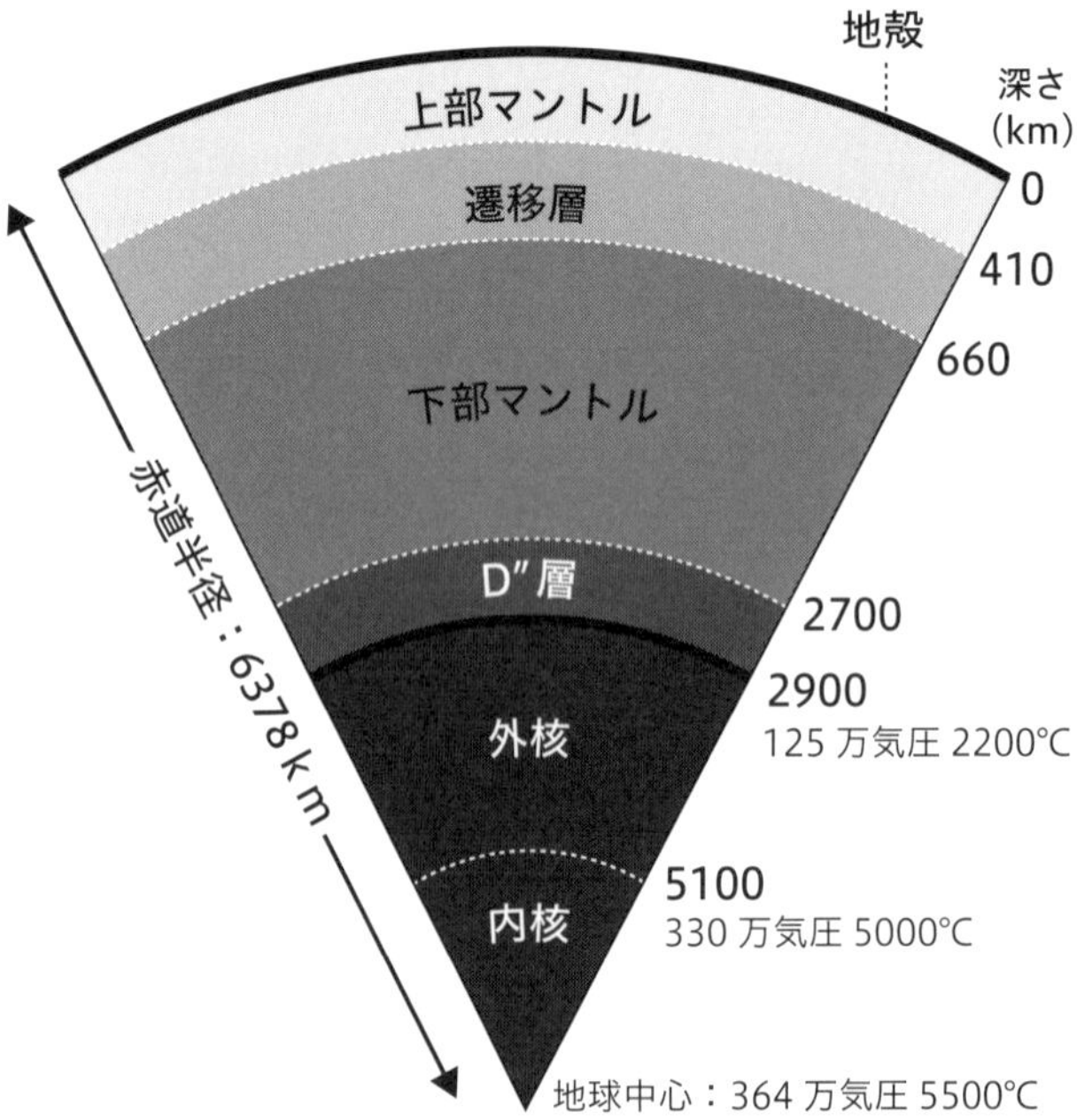

れは核の内部にＰ波速度が急に増すものがあることで説明できます。その深さは約５１００㎞で、この不連続面を内核‐外核境界として、内核と外核が分けられています。内核は鉄・ニッケルからなる固体と考えられていますが、軽い元素も含まれているようです。

低速度層の発見

地震計の精度がよくなり観測地点も増えると、上部マントル内に重要な現象が見つかりました。それは、震央からの角距離10度付近の地域に、地震波がとどかないことが多いことでした。この現象は、核のかげの領域と同じように、上部マントルの中に地震波速度が遅くなる部分があることを示しています。この部分を低速度層といいます。低速度層では、マントルをつくっている岩石が部分的に溶けているために、地震波速度が小さくなっていると考えられます。岩石が完全に溶けてしまうまでの間は、固体と液体とが混在する状態になっています。低速度層はそのような状態にあって、おそらく数％以下の部分溶融で説明されそうです。

低速度層は、海洋域では深さ70〜２００㎞のあたりに、大陸域では１００㎞よりも深いところに、日本列島では30〜２００㎞に認められています。低速度層は暖かく流動しやすい状態になっていて、アセノスフェアともいいます。これより上と下のところは相対的に冷たく硬い状態です。上の方の硬いところは地殻とマントル最上部からなるもので、リソスフェアとよばれ、プレートテクトニクス理論におけるプレートに当たる部分です。アセノスフェアより深いところは、メソスフェアとよばれたりします。上部マントルを力学的性質の違いから区分すると、リソスフェア、アセノスフェア、メソスフェアとなり、硬いリソスフェアが軟らかいアセノスフェアに浮いているという状態です。

地球内部の温度と圧力

深い井戸や鉱山での水温は、気温の変化に影響されず、地下での温度（地温）を示します。１００ｍ、２００ｍと深くなっていくと、温度は次第に上がっていきます。この温度上昇の割合を地温勾配といい、地球内部から地表に向かって熱が流れていることをあらわしています。この熱の流れを地殻熱流量といいます。

地殻熱流量は岩石の熱伝導度と地温勾配に比例していて、地球表面に1年間に流れ出てくる熱エネルギーは、地球全体の火山活動エ

リソスフェアとは何か

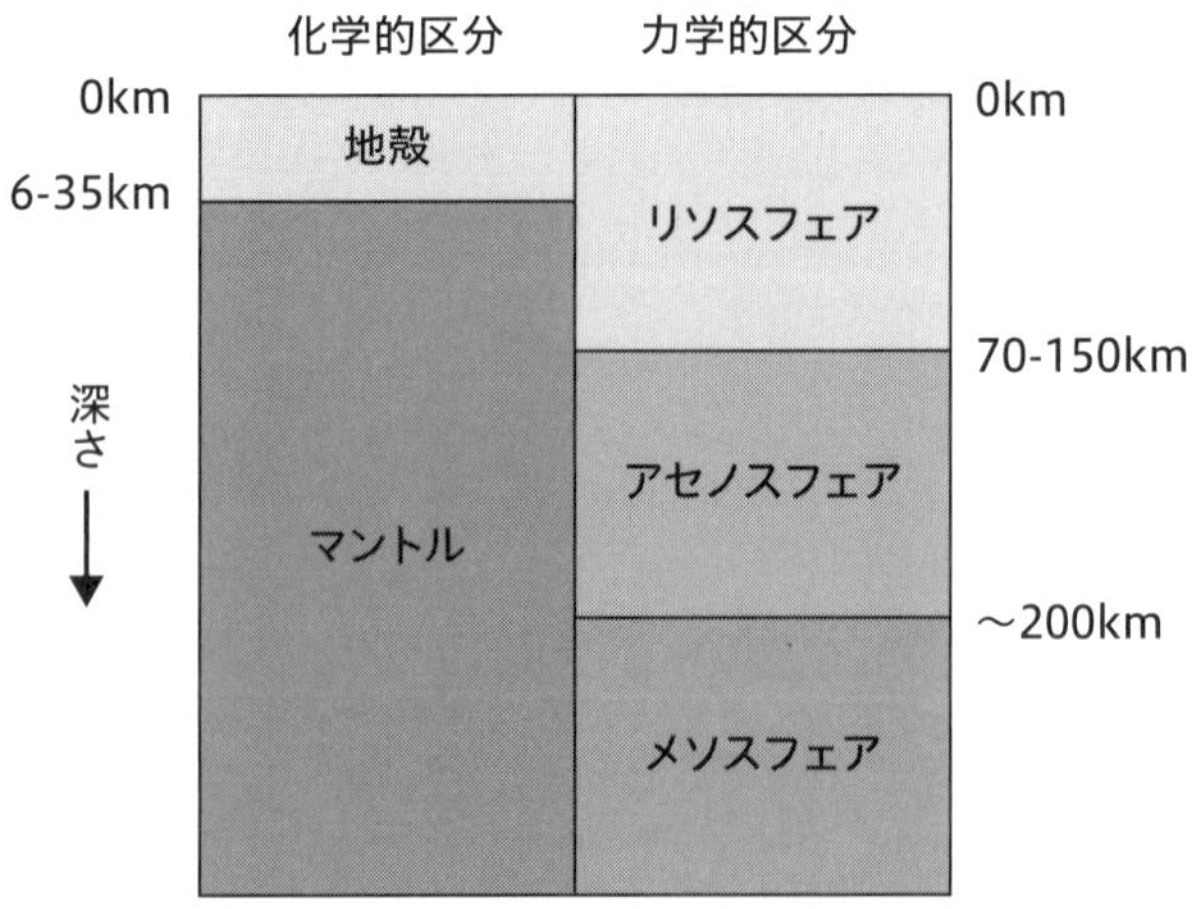

ネルギーのおよそ30倍、地震活動エネルギーの約５０００倍と考えられています。

この熱量をもたらすのは、地球誕生時に微惑星が集積してきたときや中心核が形成されたときの重力エネルギーや、地球がもっている放射性元素の壊変エネルギーによるものです。放射性元素にはウラン、トリウム、カリウム40などがあり、これらは地殻に集中しています。海底では水温が１℃～２℃と一定で、陸上のように気温変化の影響を受けないので、多くの熱量の測定がなされています。地殻熱流量は平均60～70ミリワット／㎡ですが、その値は海底の大山脈、中央海嶺では平均よりはるかに大きく、海溝に向かって小さくなり、日本海ではより大きいというように、海底地形に対応した地域性があります。このことは、地球内部の働きと関係があることを示唆しています。

地球内部の温度を推定するために注目されているのは、マントル物質のかんらん石や輝石を用いた超高圧高温実験です。化学組成や結晶構造の変化、融点などから地球深部の状態が推定されていますが、深くなればなるほど圧力も温度も上がります。最近の超高圧高温実験の成果では、マントル最深部では１２５万気圧、２２００℃、内核と外核の境界では３３０万気圧、５０００℃、地球の中心部では３６４万気圧、５５００℃ほどと考えられています。

04 地表の大地形があらわす地球の大きな営み

地球全体の形

地球は丸いとはいえ、表面には陸があり、海があり、大山脈や大平原があり、かなりデコボコがあります。しかし、地表の大半を占めている海洋は、波や潮の干満を平均すると、平らでなめらかです。この平均的な海水面で地球の形を代表させ、陸地にも海水が入りこんだようにして、地球の大まかな形をとらえることができます。この仮のなめらかな面でできた形をジオイドといいます。海水は地球の重力にしたがっているので、ジオイドも地球の重力とつりあった形になっています。人工衛星も地球の重力とともに運動しているので、その動いている軌道を追跡すると、ジオイドの形になっているのがわかります。

ジオイドは、球が南北方向につぶれ、赤道方向に張りだしたようになっています。地球の中心から北極と南極までの距離が６３５７㎞、赤道までが６３７８㎞です。緯度に沿った断面では円形ですが、経度に沿った断面では楕円形になるのでジオイドであらわす地球の形を地球楕円体といいます。

地球の形がつぶれているのは

地球が南北に少しつぶれているのは、地球が自転しているからです。回転運動をしているものでは、中心から外へ向かって飛び出す遠心力が働きます。地球は1日に1回、ゆっくりと回転しているように見えますが、赤道では24時間で1周、つまり約4万㎞も動いています。このスピードは、時速1700㎞にもなります。緯度が60度のあたりでは1日に約2万㎞動き、時速800㎞です。北極と南極では動かないので、速さはゼロです。このように、地球と地球上のものに働く遠心力は、赤道で最大、北極と南極ではゼロとなります。

重力は、遠心力と引力とを合わせた力なので、緯度によって変化します。北極と南極では地球の引力だけが働きます。遠心力と引力は反対向きの力で、地球の引力から遠心力を引いたものが重力です。赤道の遠心力は、引力の約300分の1の大きさなので、赤道の重力は極点での重力より300分の1ほど小さくなります。このような重力の違いにつりあうように、赤道では20㎞ほどふくらんでいます。そして、地球中心の圧力は、どの方向からも同じとなって、安定しています。

地球の形と重力がわかると、万有引力の法則にもとづいて、地球の重さを求めることができます。地球の質量は6×10^{27}g、平均密度が5・5g／cm^3となります。

海底地形図

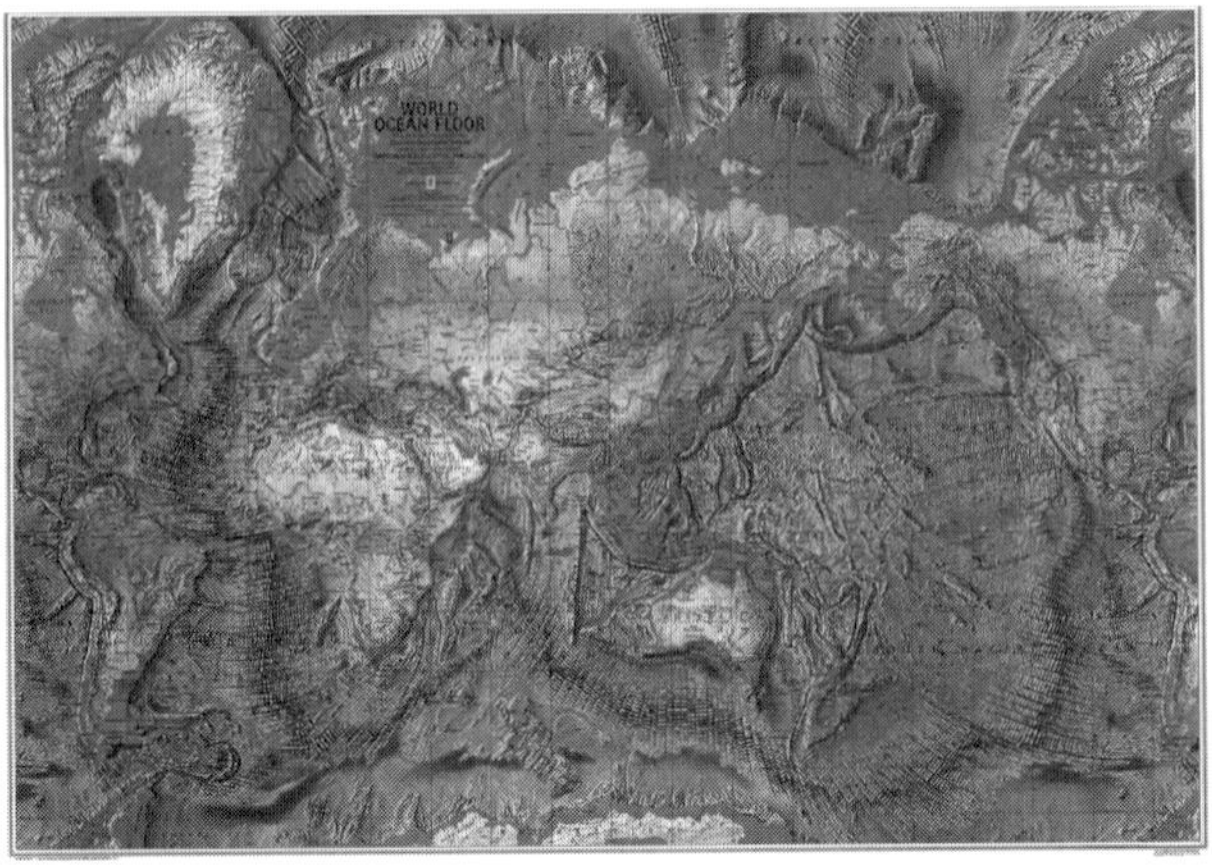

(National Geographic Society)

海底の地形

　地球表面の地形は、ジオイドからの距離を高さと深さであらわしています。最も高いヒマラヤ山脈のエベレストから、最も深い南太平洋のマリアナ海溝までの高低差は20㎞近くにもなります。地球表面を見て、激しい起伏のある地帯は、地球の大きな力が働いたところと考えられます。

　地球表面の70％は海水でおおわれているので、地球全体の起伏を見るには、海底地形を調べなければなりません。重りをつけた紐をぶら下げる方法では、正確な深さを測ることができないため、海洋底の地形図は長いこと白紙状態でした。１９２０年代になって、音波を利用した音響測深ができるようになりました。海底に向かって船から発射した音波が、海底からはねかえってくる時間によって深さを決める方法です。１９５０年代以降、天文観測で決めていた船の位置の精度が、電波航法や人工衛星航法が開発されて上がったため、海底地形の調査は著しく発展し、その実態が明らかになっていきました。

中央海嶺の発見

測深技術の進歩でもたらされた驚くべき事実は、米国のユーイング（1906‐1974）とヘーゼン（1924‐1977）が発見した、海底の大山脈、中央海嶺が世界の海に連なっていることでした。北大西洋の海底地形をはじめて描いたのは、彼らと仕事をしていたタープ（1920‐2006）でした。タープは、中央海嶺が割れていること、そのことによって北アメリカとヨーロッパが分離して大陸が移動したと気づきました。しかしながら、当時ヘーゼンが地球膨張説に傾いていたため、残念なことにタープの重要な気づきは、無視されてしまったようです。

大西洋中央海嶺から、南西インド洋海嶺、中央インド洋海嶺、カールスバーグ海嶺、南東インド洋海嶺、太平洋‐南極海嶺、そして東太平洋海嶺まで、何千㎞と続いている海底の高まりは、高度が2000～3000mもあって、陸上の山脈にも負けない大山脈です。海嶺の中央部は数十㎞の幅で1000mも落ち込んでいて、中軸谷とよばれる谷ができています。この谷は、平行にのびる正断層で切られて、何段もある階段状の地形となっていることから、谷には引っ張りの力が働いていて、割れて引き裂かれた状態になっているといえます。引っ張りの力による地震が多発していることが、そのことを証明しています。

大西洋中央海嶺の北方延長に、レイキャネス海嶺があります。その一部が海上に顔を出したのがアイスランドです。アイスランドには大きな割れ目や溝のような地形がいくつも見られ、割れ目噴火する活発な火山活動で有名です。アイスランドは、私たちに海嶺で起こっている現象を見せてくれています。海嶺は、地球深部から熱いマグマが上昇して海洋底をもり上げ、割れ目から溶岩を流出して新しい海洋底、つまりプレートがつくられる場所といえます。また、インド洋のカールスバーグ海嶺は、アデン湾から紅海と東アフリカ地溝帯に続いていますが、そこでは大陸が引き裂かれています。大陸が割れて海洋底が誕生するのは、まさにこのようなことであったのかもしれません。

中央海嶺を胴切りしている断裂帯

中央海嶺を胴切りして、横にずらしている無数の断層を海底地形図で見ることができます。このような地形は陸上では見られないのですが、北アメリカ西海岸のサンアンドレアス断層はこのタイプの断層といわれています。また、それらの断層は中央海嶺を横にずらしているので、横ずれ断層と考えられてきましたが、海嶺と海嶺の間でのずれは大きいものの、そこから離れたところでは、ずれる変位がほとんどなくなって、単なる断裂となってしまう、という一風変わった断層です。

１９６５年にカナダのウィルソン（１９０８－１９９３）が、横ずれ断層の両端で、そのずれる運動が海嶺の割れ目での広がりに転換すると指摘し、変位が変わってしまう新しい概念の断層として、トランスフォーム断層を提案しました。地球のような球面上で大きな変位、移動を考えるには、このような境界の存在が必要で、これはとても重要な発見でした。このことは、海嶺と海嶺の間だけで横ずれ断層による地震が発生していることで証明されています。なお、サンアンドレアス断層は、北方ではゴルダ海嶺、ファン・デ・フーカ海嶺に、南方では東太平洋海嶺につながっていることが明らかになり、地震多発地帯のトランスフォーム断層として知られています。

太平洋の周りの海溝

地球表面で、最もへこんでいるところが海溝です。そこでは深さが6000mを超えていて、地球内部へ引きずり込むような力が働いていると考えられます。海溝は太平洋の周囲に特徴的に見られます。太平洋の東側では、中央アメリカ海溝、ペルー海溝、チリ海溝、南サンドイッチ海溝があり、北側から北西側には、アリューシャン海溝、千島海溝、日本海溝、伊豆‐小笠原‐マリアナ海溝、さらにその西方に、南海トラフ、琉球海溝、フィリピン海溝があります。これらに加えて、カリブ海にプエルトリコ海溝、インド洋にはジャワ海溝があります。

海溝に沿って、浅いところから深いところまで、地震が発生します。海溝から陸域側に向かって震源が深くなっていき、その地震が多発する地帯（面）を和達《わだち》‐ベニオフ帯とよんでいます。1927年に気象庁長官であった和達清夫（1902‐1995）とカリフォルニア工科大学のベニオフ（1899‐1968）が、それぞれにこの現象を発見したことによります。深い地震は670kmあたりまで起こっていますが、それより深い下部マントルではほとんど知られていません。しかし、地殻から上部マントルをへて遷移層まで、地震を発生させるような大きな営力が働いていることは確かなことです。それはより重い海洋プレートが、より軽い大陸プレートの下へと沈み込んでいるためと考えられています。地震発生帯の上面の地震が、逆断層型のずれによることが明らかになっており、そのことを裏づけています。プレートの地球内部への沈み込みが、地震を発生させるとともに、地表を引きずり込んで深い海溝をつくっています。

海溝は大陸の縁にあって、それに平行して地震活動や火山活動が活発です。沈み込んだプレートがある深さまで達すると、岩石の一部が溶けてマグマとなり、上昇して噴火するからです。北西太平洋では日本列島のような弧状列島が連なっていて、南アメリカ大陸西岸ではアンデス山脈が弧状の陸弧をなしています。いずれも地球の激しい活動が現れているところで、変動帯とよばれ、しばしば大きな自然災害に襲われるところでもあります。

謎の地磁気縞模様

１９５０年代後半にプロトン磁力計が開発されると、海域の全磁力測定が盛んにおこなわれるようになりました。船での全磁力測定では、平均的な全磁力からのずれ、地磁気異常を観測することができます。海洋底には、平均より大きい全磁力値の異常（正異常）と、平均より小さな全磁力値の異常（負異常）からなる、縞模様が記録されます。世界のどこの海域でも発見されて、謎の縞模様として話題になりました。

イギリスのヴァイン（1939-）とマシューズ（1931-1997）は、岩石に記録されている地磁気（残留磁気）と海洋底拡大説を組み合わせて、謎の縞模様の正体をみごとに説明しました。中央海嶺にマントル物質が上昇してきて、新しい海洋底ができるときに固まった岩石が、その時の磁気を記録するはずで、地球磁場は何度も逆転を繰り返してきたのだから、海洋底にその逆転の歴史が記録されているのは当然と主張しました。現在の地磁気に、海洋底をつくった岩石の残留磁気による磁場が重なって、地磁気異常として観測されるということです。この考えは、すぐにレイキャネス海嶺で確かめられ、海洋底が動いていたという海洋底拡大説が証明されました。

大いに役立つ古地磁気学

ヴェーゲナー（1880-1930）による大陸移動説では、移動させる力が不明でした。1962年に米国のヘス（1906-1969）とディーツ（1914-1995）が提唱した海洋底拡大説では、マントル対流が海洋底の運動の原動力という仮説でした。地磁気の逆転については、1900年頃にフランスのブリュンヌが指摘し、1929年に京都帝国大学の松山基範（1884-1958）が日本から朝鮮半島および中国大陸の火山岩を調べて確かめています。その後、世界各地でいろいろな地質時代の岩石の残留磁気が測定され、地磁気逆転史が明らかにされていて、海洋底が拡大・移動するというプレート運動のよい証拠になったのです。

岩石と地層には、実はできたときの地磁気が記録・保存されていて、それは磁石と同じように当時の地磁気の方向を向いています。それを古地磁気といい、その研究分野を古地磁気学といいます。古地磁気からは、岩石ができた当時の古地磁気極の位置や古緯度を知ることもできます。この成果を用いて大陸移動が証明され、付加体中の岩塊が外来のものと証明されたりしました。古地磁気学は、プレートテクトニクスの確立や変動帯の地質研究に大きな役割を果たしています。

地磁気の南北の逆転は、外核の流体鉄が複雑な対流をしていることで発生すると考えられていますが、世界同時に起こる現象なので、地層の同時性を確認するのに役立っています。最近、千葉県養老川沿いに露出する第四紀の更新世（２５８万年前から1万１７００年前までの時代）の地層に、関心が集まっています。そこでの火山灰の年代測定から、最後の地磁気逆転が約77万年前であったことが確実となりました。その時期から約12・６万年前までの期間を、千葉時代として世界の標準の時代区分にしようという提案がなされました。２０２０年に国際地質科学連合により千葉県市原市の養老川沿いの露頭が標準となる模式地に決定され、国際的に正式の時代区分になりました。

海洋底の生成年代図ができる

陸域の岩石や地層で調べられた地磁気の逆転の歴史と、海洋底の地磁気の縞模様とを比べて、海洋底ができた年代を推定することができます。中央海嶺付近の地磁気異常は、77万年以降のブリュンヌ正磁極期、その前の地磁気異常はマツヤマ逆磁極期というように当てはめていきます。こうしてわかった年代で、中央海嶺から縞模様までの距離を割った結果、海洋底の拡大速度は1年に数㎝

と推定されました。

もっと古い時代でも同じような速度で海洋底が拡大していたとすると、地磁気の縞模様から年代をさかのぼることができます。こうして、数千万年前をこえ、さらに1億数千万年前までに至る海洋底生成年代図がつくられました。この年代がはたして正しいのかを確かめるために、１９６８年から米国のグロマー・チャレンジャー号による深海掘削計画が開始され、実際に深海底が掘削されて堆積物や岩石のコア試料が採取されました。新しく海洋底ができて、そこに最初にたまった堆積物の年代が海洋底の年代をほぼ示すと考えられます。第1章で述べたように、海洋底直上の堆積物から微化石を取り出して年代を決めていきました。その結果、中央海嶺から離れるほど海洋底の生成年代は古く、海洋底の拡大は微化石年代からも証明されました。

ところが、大陸地域には約40億年前の岩石や地層が残されているのに対し、海洋底には2億年より古いものは残されていませんでした。最も古い海洋底は日本海溝から伊豆 - 小笠原 - マリアナ海溝のところにあって、それ以前の海洋底はやはり海溝から地球内部へと沈み込んでしまったものと思われます。古い年代の岩石が陸域に残っているのは、プレートが沈み込む、あるいはプレートが互いに衝突して盛り上がる変動帯で、海洋底の一部がはぎ取られて陸上に残されたものだけです。それは玄武岩、はんれい岩、かんらん岩からなる層状の複合岩体で、オフィオライトとよばれています。海洋域のリソスフェアと同じようなものですが、陸上では多くは風化変質して、玄武岩とはんれい岩は緑色岩に、かんらん岩は蛇紋岩となっています。そして、これらが古い海洋底を調べる鍵となっているのです。

大山脈はどうしてできたのか

海洋底で地形の起伏が激しいところは中央海嶺と海溝ですが、陸上で起伏の大きいところは大山脈で、北アメリカのコルディレラ山系から南アメリカのアンデス山脈、ヨーロッパのアルプス山脈からヒマラヤ山脈です。北西太平洋のベーリング海、オホーツク海、日本海、沖縄トラフ、南シナ海といった内海（縁海）をもつ弧状列島も、帯状に起伏に富んでいるところといえます。これらの地域は、ジオイドからのずれとして起伏が大きく、地球の大きな力が働いている変動帯です。

世界には、いろいろな時代に形成された山脈があり、造山運動でできたという意味で造山帯とよばれています。なぜ高い山脈ができたのか、それは古くから誰もがもつ疑問でした。造山帯の地質研究が多

海洋底の年齢

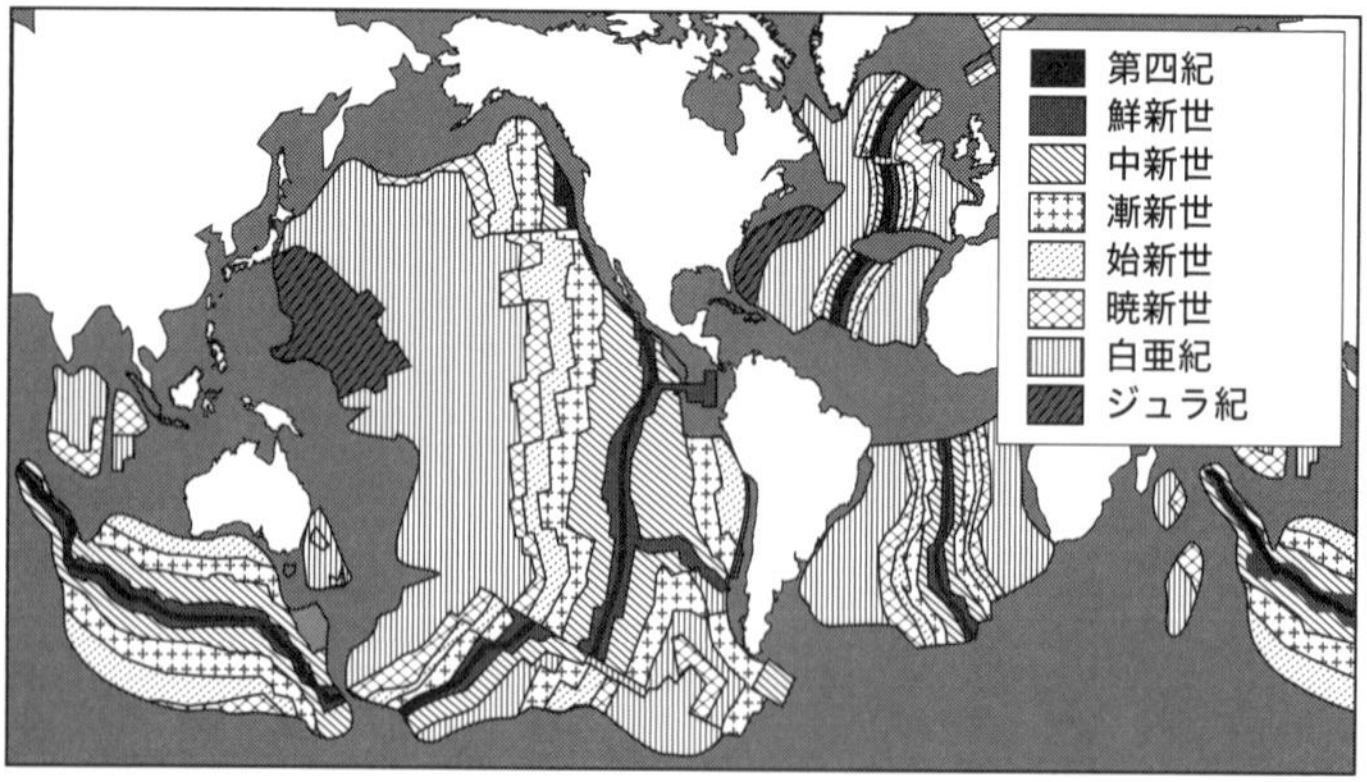

（ピットマンら（1974）などによる）

くなされ、地球収縮説や地向斜造山論などが展開され、各地の造山帯の比較論が盛んに議論されました。先カンブリア時代の造山帯、古生代のアパラチア山脈、中生代のロッキー山脈やシェラネバダ山脈、新生代のヒマラヤ山脈やアンデス山脈を見ると、古いものほど山の高さは低く、新しい方が高くなっています。新しい山脈ほど地殻が厚いので、地殻均衡のバランスで説明されますが、地殻が同じ厚さでも高さが違っていることもあり、そこにはほかの力が働いています。いまでは山脈はプレートの沈み込み境界や衝突境界で形成されたと考えられています。アルプス山脈やヒマラヤ山脈の場合、プレートが海溝から沈み込んでいくにつれ、プレートに乗っていた陸塊が近づいてきて、ついに別の陸塊に衝突し、そこに造山帯が形成されたのです。大山脈は、プレート同士が近づいて沈み込んだりぶつかって、そして盛り上がる、プレートの境界にあたります。

大地形と変動帯

地震は世界のどこでも起こっているわけではありません。変動帯に限って、地震を発生させる力が働いています。最も多くの地震が起こるのは、海溝に沿った太平洋の周辺と、インドネシアからヒマラヤ山脈の北方をへて地中海に至る地帯です。これらの地域では、深発地震や逆断層による地震が起こっています。ときに巨大地震が発生することもあります。一方、海洋地域の海嶺に沿っても地震が多発していますが、これらのほとんどが浅発地震です。

火山活動も、地震の分布に平行するように、限られた地帯に起こっています。「火の輪」とよばれる環太平洋火山帯とインド洋から地中海では、爆発的な噴火をする火山や大規模な火砕流やカルデラなどを見ることができます。紅海から東アフリカ地溝帯でも、火山活動が活発です。海域では、ハワイのような火山島がありますが、海嶺では溶岩の流出や激しい熱水活動が確かめられており、線状あるいは帯状の火山帯が世界の海洋底に連なっているといえます。このように起伏の大きいところ、地球の大地形は、地球が激しく変動していることをあらわしています。

05 プレートテクトニクスと日本列島

地震を起こす動くプレート

北アメリカ西海岸からアラスカ、アリューシャン列島、千島列島、そして日本列島に至る地震について調べると、発生機構が違っているにもかかわらず、地震を起こす運動方向がすべて北西を向いています。これは、太平洋の海洋底が大きな一枚の板（プレート）として北西方向に水平移動していると考えると理解できます。このことからプレートの概念が確立されました。太平洋のプレートが球面運動して移動すると、移動していった先方では陸側にぶつかって沈み込みが起こり、移動するのと平行なところでは横ずれし、移動する後方では割れて離れるといったように、場所により異なる力が働きます。そのことによって、それぞれに対応した地震が発生しているのです。

このように地震が発生している地帯、中央海嶺、海溝、トランスフォーム断層がプレート境界にあたります。また、ヨーロッパのアルプスからヒマラヤに至る大山脈は、かつては海溝であったと考えられ、プレート同士が衝突して盛りあがり、海溝がなくなってしまったプレート境界にあたります。これらの境界をつないでいくと、地球表面をおおっているプレートの様子がわかります。大きくは10数枚のプレートが認められ、それぞれが動いて、互いに離

地震を起こす力と太平洋の海洋底の移動

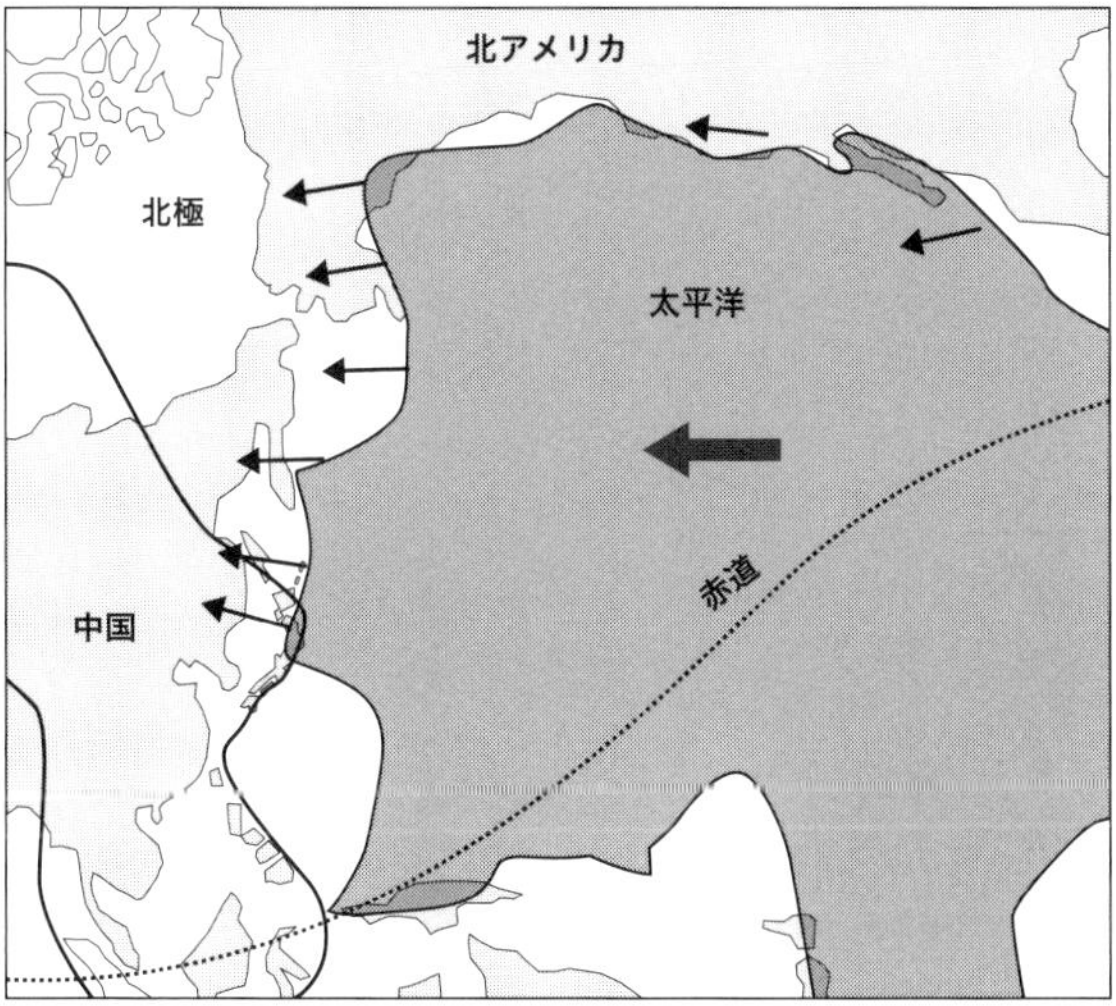

（マッケンジーとパーカー（1967）による）

れたり、ぶつかったり、ずれたりして、大きな起伏をもつ地形をつくり、地震や火山噴火の活発な変動帯をつくっています。このように地球をとらえる考えを動的な地球観、プレートテクトニクスといいます。

ホット・スポットの軌跡とプレートの運動

北太平洋の中央部では火山噴火が活発なハワイ島から西北西に、ハワイ諸島の島々や海山が連なっています。これらは玄武岩からなっており、その年代を測定してみると、ハワイ島から離れるほど古いことがわかりました。さらに、その先の北西方向に折れ曲がったように天皇海山群が続いていて、折れ曲がりのところの古い海底火山（海山）が約４５００万年前、アリューシャン列島とカムチャッカ半島の接合近くの明治海山が約８０００万年前となっています。

ハワイ島の火山のマグマは、リソスフェアのずっと下方のマントルの深いところからくると考えられますが、その上を移動するプレートの上に火山島が形成されます。プレートの移動とともに、マグマの通り道からこの火山島も移動していきます。マグマが噴出する地点で次々に新しく火山島がつくられると、移動するプレート上に線状に並んだ火山島ができていきます。ハワイ島のように、海洋プレートが移動しているのに、マグマを発生させる熱源が動いていない地点を、ホットスポットといいます。

ホットスポットがつくる火山島の軌跡から、プレート運動の方向と速度を知ることができます。

ハワイ島の例では、太平洋のプレートは約４２００万年前までは北北西に動いていたのが、それ以降は西北西に移動方向を変えたといえます。プレートの移動する速さは1年に8～9㎝ほどですが、平均すると人間の爪の伸びる速さと同じ速度になります。ずいぶん遅いと思うかもしれませんが、何万年、何百万年という間にはかなりな距離を移動することになります。

プレート運動を示すホットスポットの軌跡を指摘したのはカナダのウィルソンでした。今では世界に20点以上のホットスポットが知られています。ホットスポットの軌跡は、マントル深部に対するプレートの運動を示しています。

超大陸を復元すると

中央海嶺に平行な地磁気の縞模様を、若い方から同じ年代のものを消して閉じていくと、過去にさかのぼって大陸の分布を復元することができます。海洋底の生成年代図からも、同じようなことができます。でも、海洋底の記録は年代が限られているので、古い地質年代の大陸配置についての情報はありません。そこで活用されるのは、古い岩石や地層の古地磁気、岩石の放射年代、地層の分布、造山帯、動植物化石の分布などです。

ヴェーゲナーが主張した、3～2億年前に存在した超大陸パンゲア（第3章で図示）は、多くの証拠にもとづいて復元され、その分裂後の大陸移動と海洋底拡大の歴史が詳しく明らかになりました。そして、さらに古い時代にも超大陸が存在したといわれています。6～5億年前のゴンドワナ、

10〜7億年前のロディニア、10数億年前のヌーナなどです。

超大陸は、東アフリカ地溝帯のように、ホットスポット型の火山活動で隆起・断裂が生じ、分裂したところに海が入って紅海やアデン湾のように海洋底になっていくと考えられます。それが拡大していくと、大西洋のようになって、両側の大陸が離れていきます。プレートが海溝から沈み込むと、海洋底は狭まり、離れていた大陸が接近してきて、ついには大陸同士が衝突・合体して大山脈をつくりつつ、超大陸が再生されます。このように、長い地質時代において超大陸が分裂し、海洋底が誕生・拡大・縮小・消滅を繰り返すサイクルがあるという考えがあります。これをプレートテクトニクスの確立に貢献したウィルソンに因んで、ウィルソンサイクルといいます。

プレートテクトニクスの確立には、トランスフォーム断層から回転の中心のオイラー極を求め、プレートが地球表層部を球面運動していることを証明したアメリカ合衆国のモーガン（１９３５－）、プレート運動が全地球的規模で起こっていることを示したフランスのル・ピション（１９３７－）、沈み込み帯における弧状列島論を展開した上田誠也（１９２９－）・杉村新（１９２３－）らによる貢献をあげることができます。

日本列島周辺のプレート

日本列島をとりまくプレートには、千島弧から東日本弧を含む北アメリカプレート（オホーツクプレート）、このプレートにぶつかり千島海溝と日本海溝から沈み込む太平洋プレート、西南日本弧から琉球弧を含む大陸側のユーラシアプレート（アムールプレート）、これに南海トラフと琉球海溝から沈み込むフィリピン海プレートがあります。古くてより重い太平洋プレートは、若くてより軽いフィリピン海プレートに伊豆-小笠原海溝から沈み込んでおり、伊豆-小笠原弧ができています。これはフィリピン海プレートの北方移動で本州に衝突して、地質構造を屈曲させ、合体して丹沢山地や伊豆半島となっています。父島西方で２０１３年11月以来、噴火が続いて成長している西ノ島は、伊豆-小笠原弧の一部にあたります。

　太平洋プレートの沈み込みに対応するように、北海道から東北奥羽脊梁《せきりょう》山脈、そして中部山岳地帯から伊豆-小笠原諸

日本列島をとりまくプレートとそれらの動き

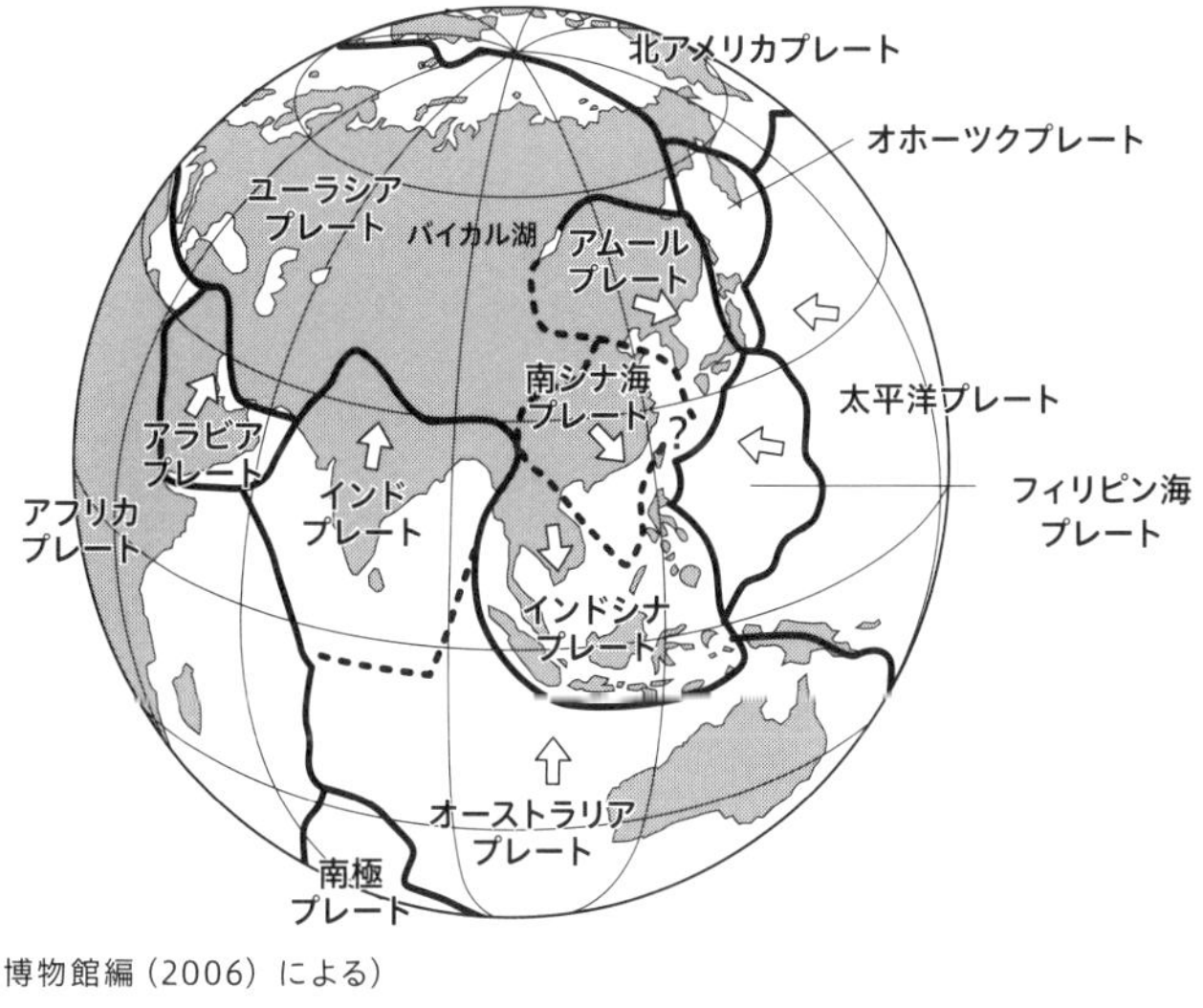

（国立科学博物館編（2006）による）

島へと、海溝に平行して火山活動が活発なところは、東日本火山帯といいます。フィリピン海プレートでは、中国地方から九州をとおり沖縄へと、やはり海溝に平行して火山活動があります。海域のプレートをつくる海洋地殻には、含水鉱物が多量に含まれているので、沈み込みによって地下深く引きずり込まれると、分解して水分を放出すると考えられています。高温高圧実験によると、マントル物質は水分があると溶ける温度が下がることから、マグマの発生はプレートの沈み込みに関係しているといえます。

太平洋プレートとフィリピン海プレートの関係は、前者の海洋底（海洋地殻）が後者の海洋底（海洋地殻）に沈み込んでいるという点で注目されています。このような現象は、世界でも他に見ることができないからです。これは、おそらく大陸がなかった初期の地球の状況に似ていると考えられ、今後、日本の南方周辺海域の研究が貢献するだろうと期待されています。

プレートテクトニクスは、グローバルな運動を説明する理論です。日本列島のテクトニクスもその例外ではありません。ここで、地球儀を北極のほうから眺めてみましょう。プレートがつくられて広がっていると考えられている大西洋中央海嶺を、アイスランドから北の方に追ってみると、その延長は北極を通過してシベリアを通り、日本海の東縁まで続いているように見えます。アイスランドは大西洋中央海嶺の上にあり、真ん中で割れて東西に広がっています。一方、日本海の東縁では日本海の底が東北日本の下に沈み込んでいることが最近になってわかってきました。地球的な規模で、この両者を考えてみると大西洋中央海嶺のところでは、プレートが生産されて海底が広がっていますが、それを補うように日本海の東縁では、プレートが沈み込んで消費されているように見えます。

アジア大陸の変形とインド亜大陸の衝突

１９７５年にアメリカ合衆国のモルナー（１９４３‐）とフランスのタポニア（１９４７‐）がインド亜大陸の衝突がアジア大陸を破壊し変形させていることを発表すると、それまでプレートは変形しない硬い板と考えられていたので、驚きとともに議論が巻きおこりました。インド亜大陸の衝突は、ヒマラヤ山脈の形成に加えて、アジア大陸内になぜ大規模な断層が発達しているのか、なぜ活発な地震や火山活動があるのか、なぜ割れて拡がる地溝があるのかを、わかりやすく説明しました。タポニアたちは、さらにインド亜大陸の北方移動の力は、インドシナや中国の陸塊を東方へとはみ出させ、バイカル湖の東方部分も日本海側へと押し出して、アジア大陸を激しく変形させていると主張し、それは日本海のような背弧海盆の成因の議論にも影響を与えています。

しかし、アジア大陸内部の破壊・変形・移動が、インド亜大陸だけのためなのかには異論があり、いまなお議論が続いています。アジア大陸の変形はおそらく地殻表層部だけでなく、マントルにもおよんでいるものと考えられ、深部から上昇するホットプルームによって大陸の強度が落ちているとも考えられています。

このようなことから、最近では、アジア大陸東部をユーラシアプレートから区別して、カムチャッ

インドの衝突によるアジア大陸の変形

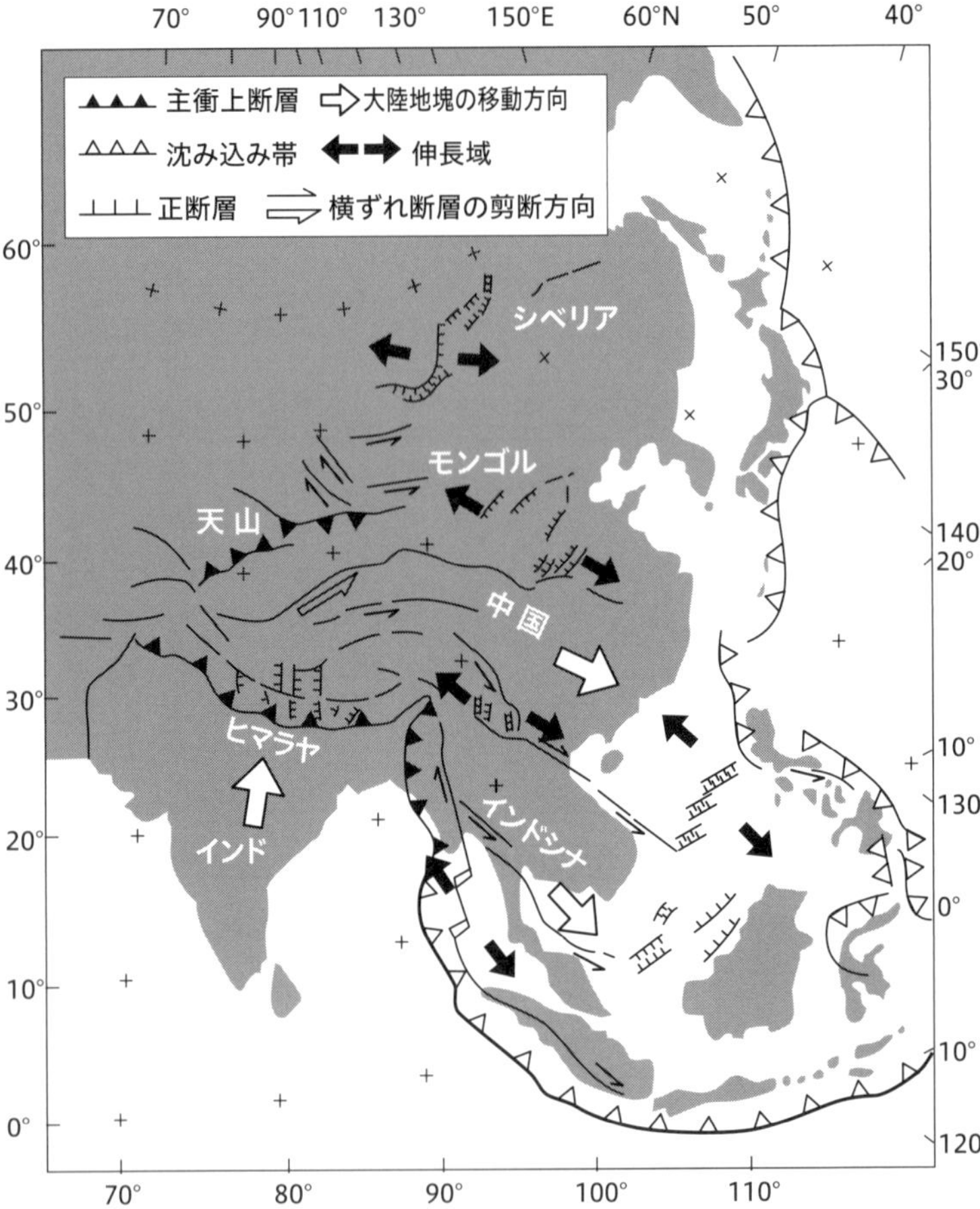

（タポニアら（1986）による）

カ半島から、オホーツク海、樺太、北海道、東日本までを含むオホーツクプレート、バイカル湖から朝鮮半島まで含むアムールプレート、中国南部を含む南シナ海プレート、インドシナプレートが認められています。これらに対して、フィリピン海プレートが沈み込んでいて、さらに全体に対して太平洋プレートが沈み込んでいます。このプレート配置から、中国内陸部の地震、地溝としてのバイカル湖、日本海側の地震など、多くの現象が理解しやすくなるとも考えられています。

沈み込むプレートの行方

大陸同士を衝突させ、大山脈をつくるのがプレートの沈み込みですが、沈み込んだプレートはどうなるのでしょう。ホームズが、大陸移動説で謎であった移動の原動力として、地球内部の対流を提案しましたが、それに巻きこまれるのでしょうか。それともマントルに同化してしまうのでしょうか。

より重いプレートが沈み込み、アセノスフェアに落ち込んで、上部マントルから、さらに遷移層へ入っても、そこで滞留してたまってしまうと考えられます。地震はそのあたりまでしか起きていません。下部マントルでは高圧で密度も高いために、そのままでは沈み込めないからです。しかし、一部が相転移して重くなると、下部マントル内に沈み込んでいきます。この下降流をコールドプルームといいます。これが下部マントル深部まで入っていくと、そこにあった高温のマントルを上昇させます。この上昇流をホットプルームといいます。大規模なホットプルームは、中央海嶺を形成したり、大陸を膨張・分裂させる熱源となったことでしょう。このような考え方で、地球表層から深部まで、全体の動態を議論する考え方を、プルームテクトニクスといいます。

地震波トモグラフィ

近年のコンピュータ技術の進歩は、膨大な量の地震観測データの解析を可能にしています。震源から観測地点まで地震波が届く時間については、理論値からずれていることが知られていましたが、それが測定誤差ではなく、地球内部の不均質さをあらわしているのではないか、と考えられていました。地震波の通ってきた経路に、逆にいろいろな方向からのずれを投影することで、地震波速度分布の異常が推定されるようになりました。これが地震波トモグラフィとよばれる手法です。

この手法によって、マントル内の地震波速度の三次元的分布がみごとに描きだされました。地震波が速く伝わるか、遅く伝わるかは、岩石の種類の違い、鉱物の相転移、部分溶融の有無、温度の違いなど、いろいろな要因が関係しています。仮に温度の違いとしてみると、低温のマントルは周囲より重くて下降流となり、高温のマントルはより軽いので上昇流となって、ゆっくりと流動するために、マントル内に不均質な温度構造ができていると理解されます。地震波では、地球内部の深さ方向の性質の違いがもっぱら調べられてきたのですが、最近、横方向の不均質性がわかってきました。これは地球内部での物質循環をあらわしているといってもよいでしょう。これらがプレート運動にどのように反映されているか、そしてどのような地質体がつくられるのかといった、地球全体の運動についての課題が見えてきたと思われます。

プレート運動の原動力

大陸移動説は、移動の原動力をうまく説明できなかったために、生まれて間もなく否定されてしまいましたが、プレート運動の原動力についてはどうでしょうか。現在、さまざまな方面から活発な研究がされており、いくつかの考え方があります。

主な3つの考え方をあげておきましょう。沈み込んだプレート（これをスラブといいます）が、重力に従って下方に引っ張るという考え方です。また、地形的に高い海嶺が重力にしたがって押すという考え方があります。それと、プレートの下のマントルの熱対流に乗って動くという説もあります。

これらのうち、最近ではマントル対流についてコンピューター・シミュレーションが活発におこなわれ、マントル対流説がかなり有力な考え方になってきています。しかし、現時点では、これらの考え方のどれかひとつをプレート運動の原動力として特定することはできません。これは現在進行中の第一級の研究課題といえるでしょう。

他の惑星でのプレートテクトニクス

ところで、地球以外の太陽系の惑星にはプレートはあるのでしょうか。太陽系の惑星のうち、おもに岩石から構成されているのは、水星、金星、火星ですが、それらのいずれでもプレートは確認されていません。最近「火星にはプレート運動があった」と主張している人もいますが、プレートテクトニクスによる活発な活動は、地球だけで起こっているといえます。この意味で、地球は生きている惑星です。

日本列島は、大陸地域に比較してその地質は大変複雑です。そのためプレートテクトニクスを適用した単純モデルでは、日本列島の地質を説明することは困難でした。そのことが、日本ではプレートテクトニクスが受け入れられるまでに、10年もかかったことのひとつの理由かもしれません。しかし、いったん付加体の実態が明らかにされると、その形成過程がプレートテクトニクスにより合理的な解釈がされるようになりました。また、日高山脈がプレートとプレートの衝突の結果、プレートがまくれ上がってできたことや、伊豆半島がフィリピン海プレートにのって南からやってきて、本州に衝突したことなどが明らかになるにつれ、複雑な日本列島の地質も確実にプレートテクトニクスで説明できるようになってきました。

第3章 地質学が歩んできた歴史

地質学という高貴の科学は、……
——ダーウィン

八杉龍一（訳）『種の起原』岩波文庫1990年

千葉県銚子市屏風ヶ浦

01 「地球論」から地質学へ

不思議に思い考えてきた

人間は大昔から、さまざまなことがらを不思議に思い、考えてきました。われわれ人間は、どこからきてどこへ行くのだろうか、この大地はいつ、どうやってできたのか、山はどうしてできたのか、海はどうやってできたのか、なぜ山が火を噴くことがあるのか、どうして大地が揺れ動くのか、地球の大昔はどんなだったのか。そして地面を深く掘ると、燃える石やきれいな光る石も見つかることがある、いったいどこを掘ればそれらは見つけることができるのだろう、など多くの不思議をかかえていたと推察できます。ヨーロッパで学問が始まった頃の人たちも、同様であったことでしょう。アリストテレスも化石について考えていたといいます。魚貝類の骨が山中の石の中から出てくるのは、不思議なことでした。15～16世紀にイタリアのレオナルド・ダ・ヴィンチは近代的な化石観をもっていました。

古代から地球の球体を理解し、その大きさまで測っていた人類の興味は、星を眺めて考えることにも向いていました。特に天体の観測は農業のために季節変化をとらえ、暦をつくる必要があったので急速に進みました。一方、足下の地面とその下については、農耕の必要性や建材の確保といったことから少しずつ考えられ始めました。

大航海時代と博物学

大航海時代とよばれている15世紀半ばから17世紀半ば頃にかけて、アフリカ・アジア・アメリカ大陸の珍しい自然物、工芸品などが、ヨーロッパにたくさん入ってきました。大航海時代の主役は、最初はポルトガルとスペインでしたが、遅れて航海時代に入ったオランダ、イギリス、フランスもアフリカ・アジア・アメリカの各大陸に積極的に進出していきました。そこは珍しい動物、植物、鉱物の宝庫で、博物学者が嬉々として活躍しました。さらに、地形や地質や民族の調査研究も盛んになりました。

博物学の発展には、いろいろな理由があります。はじめは、すばらしい自然は全知全能の神様が創られたからだと考え、自然を讃えることは神様の偉業を讃えることになるという、自然神学的精神に支えられてきました。これが次第に、自然のものを分析したり、解剖したり、その真実を知ろうとする方向になっていきます。

地球論が唱えられた時代に地質学の萌芽

17世紀頃になると、学者の考えたことが書物や記録に残るようになります。フランスのデカルト（１５９６－１６５０）の『哲学原理』（１６４４）や、ドイツのライプニッツ（１６４６－１７１６）の『プロトガイア』（１６９３）にも地球観が述べられています。この頃を支配していた考え方は、地球論とよばれていますが、これは灼熱体であった地球が次第に冷えて固まり、水蒸気が雨となり大洋をつくった、という地球生成説です。デンマーク生まれのステノの『プロドロムス』（１６６９）には、ある程度科学的な地球観が述べられています。現在でも使われている、結晶の面角一定の法則や、地質学の基本法則である地層累重の法則は、その著書にすでに書かれていました。こうしたことから、17世紀が地質学の萌芽の時代であったとみてよいでしょう。

近代地質学誕生前夜

18世紀になると、フランスのビュフォン（１７０７－１７８８）が、デカルトの地球論から進めて近代地質学へと移行させました。ドイツのヴェルナー（１７４９－１８１７）とイギリスのハットン（１７２６－１７９７）が、それぞれ水成説と火成説を唱え、これが近代地質学誕生前夜の学説論争に発展します。

ヴェルナーは、実際に山地の岩石を調査し何段階かの層に分類し、その層序を一般化しようとしました。地球の岩石や地層はすべて原始の海水の沈殿ないし結晶作用によって生まれたとしたことから、その考えは水成説とよばれるようになりました。現在でいう花崗岩や玄武岩も堆積岩であるという主張は、この時期かなり世界的に広まりました。有名なフランスの玄武岩は水平にひろがっていて、まるで海に堆積したかのように見えたからでした。

これに対してイギリスのハットンは、玄武岩は水中ではなく、火山から噴出したと考え始めたのです。ハットンは侵食、運搬、堆積、固化、隆起、侵食といった水の影響による周期的な地層の形成過程は認めながらも、隆起の原動力を地球内部の熱に求めた点が新たな主張のポイントでした。そこから、彼の唱えた説は火成説といわれるわけですが、地球内部の熱で溶融したマグマの一部が地下で冷却し、それが固結して花崗岩などになり、またあるものは地表に流出して溶岩になるとして、現在でいう火成岩も存在すると主張したのです。

そのほかにも、現在起きていることは過去からずっと同じように起きているという斉一説を唱えました。また地層の重なり方の食い違いを、堆積の連続していない不整合だとも主張しました。これは現在でも、地質学の基本原理になっています。

「自由の山」から始まる

18世紀中葉、ヴェルナーが教授を務めていたフライベルク鉱山学校は、当時の地質学の中心地でした。ドイツの小さな古い鉱山の町であるフライベルクは、現在では世界遺産に指定されていますが、その名は「自由の山」という意味でした。

そこには、鉱山所有者と鉱山労働者の間に古くから労働協約が結ばれていた鉱山があり、それを人々は「自由の山」とよんでいました。フライベルク鉱山学校には世界中から、地質学を学びたい人が集まりました。また、世界中からさまざまな鉱物や岩石が集められました。現在でもフライベルクの鉱物博物館のコレクションは世界一といえるものです。かの有名なゲーテ（１７４９‐１８３２）も、近代地理学の祖とされているフンボルト（１７６９‐１８５９）も、フライベルクに学びました。イギリスの地質学者たちもフライベルクへ学びに行きましたが、次第にイギリスで新しい学問を発展させようという動きが出てきました。

地質学の知識が世に普及し始める

火成説を唱えたハットンの本はあまり読まれず、それをわかりやすく書いたプレイフェア（１７４８‐１８１９）の本や、ライエル（１７９７‐１８７５）の『地質学原理』（１８３０‐１８３３）で、地質学の名前と知識は世に普及していきました。その後に出た、ダーウィン（１８０９‐１８８２）の『種の起原』（１８５９）も、それに大きな影響を受けています。

たとえば、現在と同じことが過去にも起こっていたという斉一説によれば、昔も今と同じような気温で、同じような雨の降り方であったろうと考えます。この考え方は物理化学的な現象であまり無理はありません。ただ、化石などに見られる過去の生物は現在どこにもいないものもあるので、適応しません。生物に関する事柄に関しては、厳密な斉一説には少し無理がありました。それでもライエルが斉一説を強く主張したのは、当時、フランスのラマルク（１７４４‐１８２９）の主張していた進化論を、阻止したい気持ちがあったからといわれます。キリスト教の考え方では、生物は神様が創ったものなので、「進化論」がいうように途中で突然変わるなどということがあってはならないのです。ラマルクは、生物は変わると考えたのですが、キリスト教的な立場に立つライエルは、過去にも現在と同じ生物がいたという考えにこだわりました。

02 地質に対する興味と研究を持続させてきたのは実利だった

ハンマーが象徴するもの

岩をハンマーで叩いてみたり、その破片を削って顕微鏡写真を撮ったり、地層を調べて大昔にいた生物の痕跡を探しているような、ちょっとマニアックなイメージを、地質学者に対してもっている人は多いかもしれません。

18世紀後半に地質学という科学が生まれてから20世紀前半まで、その研究対象は地球の表層をおおっている岩石や地層、そしてそこから見つかる化石などが主で、それらから地質学者たちは地球の歴史や現象を調査し研究していました。そんな時代から現在まで、地表を調査する際に使われているのが、日本地質学会のマークにも使われているハンマーです。地質調査では、このハンマーで岩石を割ったり、露頭を削って新鮮な部分を観察します。

社会で地質学に大きな関心がもたれるようになったのは、資源開発という実利をともなった欲求が強力な後押しとなっていたからでしょう。金や銀やダイアモンドなどの貴石を探して、多くの人が山に分け入りました。そういう人たちは世界中で〝山師〟とよばれることもありました。

石炭や石油といったエネルギー資源や、鉄や銅やその他の鉱物資源を探すには地質を知らなければなりません。そういうニーズが、社会において地質に対する興味と研究を持続させてきたという一面は否定できないでしょう。

産業革命で石炭への関心が高まる

イギリスでは18世紀後半から産業革命が進み、石炭の需要が急激に増え、このことも地質学の発展に影響しています。石炭を含む地層は真っ黒で、わかりやすいのですが、石炭の需要がどんどん大きくなると、いままで知られている黒い石炭の層以外で、ほかにも石炭の出るところはないかと探し始めました。

石炭層を追跡するにあたり、その周辺の地層も含めて、どういうふうにつながっているのか、地層はどんなふうにしてできるのかと、一気に地層への注目が高まりました。石炭の堆積層をさらに掘っても、その下にはもう別の石炭層はないらしいということもわかってきました。そうなると、ほかにはどこにあるのか、ということになります。地質年代の名前のひとつに石炭紀という名がありま す。石炭を多く含む地層が堆積した時代だからそう名付けられたものです。産業革命によって石炭の需要が爆発的に増えたため、石炭を得るにはどこを掘ればよいかということに人々の関心は向いていきました。地質学の芽生えがそんなところにあったとしても、不思議ではありません。イギリスで地質学が発祥し発展していったのは、当然の成り行きだったのです。

蒸気機関があちこちで活躍するようになり、機械がいろいろ活躍するようになると、今度は鉄がたくさん求められます。鉄鉱石はどこにあるか、それも探索しなければなりません。こうして地質学は徐々に花形の学問になっていったのです。

世界で最初の地質学会ができる

19世紀になると、イギリスではいちだんと地質学が進みました。1807年秋のロンドンで、当時の紳士の服装に身を固めたであろう13人の地質学者が集まって、夕食をとりながら地質学会(Geological Society)を創設しました。最初の会員13人の名前は、日本ではあまり知られていません。その一人で病気の名前で知られるパーキンソン(1755-1824)は、地質学者であると同時に医者でもありました。またデービー(1778-1829)は地質学者としてよりも、アルカリ金属やアルカリ土類金属をいくつか発見した化学者として知られ、デービー灯を発明して、炭鉱の坑夫が安全に働けるようにした人です。

世界で最初の地質学会だったので、「イギリスの」とか、「ロンドンの」とかの修飾語はついていません。もちろん現在も健在で、２００７年に２００年記念を祝いました。

世界最初の地質図

ハットンやライエルの活躍に続いて、実際の地質調査にはスミスやデ・ラ・ビーチ（１７９６‐１８５５）などが活躍しました。スミスは炭鉱の鉱脈調査、石炭を運ぶための運河の建設や農地の改良といった仕事を手がけながら、さまざまな地層やそこに埋まっている化石を観察して、17世紀にステノが最初に唱えた地層累重の法則と年代推定の材料である示準化石によって、地層を同定する法則を編み出しました。１７９９年にはバース周辺の地層分布を記した世界最初の地質図を作成しました。また、デ・ラ・ビーチは１８３５年に世界最初の国家的な地質調査をおこなった、「英国陸地測量局」（地質調査所の前身）を創立しています。

化石や恐竜の発見

地層中に出てくる化石について、化石は過去の生物の生きていた証拠であるという、正しい解釈も出てくるようになりました。中生代の魚竜や首長竜などが発見され、陸上に棲む恐竜もマンテル（１７９０‐１８５２）やオックスフォード大学教授のバックランド（１７８４‐１８５６）によって発見され始めました。オウエン（1804－1892）は1881年にロンドンの自然史博物館をつくった古生物学者ですが、1842年、恐竜という新しい生物群の存在を提唱しました。

03 わが国での地質学の始まりと研究はどのように進んできたか

江戸末期から明治

明治時代に入る少し前、江戸時代末期から、閉ざされた鎖国の扉を叩き始めた欧米列強の開港の最初の要求は、外国船への水と石炭の補給でした。そして、石炭の探鉱のためには、地質学的調査は必須のことでした。1862年に、鉱山開発のために幕府の要請で、アメリカから地質学者のパンペリー（1837－1923）とブレーク（1826－1910）が日本にきたのは、北海道の石炭と水の調査の必要があったからでした。日本国内では、鉱山の生産が最低に落ち込んでいて、困っていたという事情もありました。金属資源、エネルギー資源を知るために、盛んに地質学を導入しようとしたのです。薩摩藩は独自に金鉱山を探索するために、1867年にフランス人のコワニエ（１８３５－１９０２）を雇い入れましたが、時代が明治になると、明治政府に雇われて生野銀山の近代化・改良にずいぶん尽力しています。

「地質学」という学問の始まり

明治の始まりの頃、新政府は積極的に西洋文化を取り入れる政策をとりましたが、地球科学分野もそのひとつでした。輸入された当時の一般的な名称は、Geology または Geologie でした。このときに〝Geology〟をなんと訳せばよいか、当時の人々はいろいろ考えました。Geology の〝Geo〟とは地球のことですから、Geology は「地球を科学する学問」というわけです。「地学」と訳すと、いちばん意味が近いようなので、最初は地学と訳しました。しかし、すでに地理という言葉があり、まぎらわしいと、「地質学」と訳し直し、それから今日までその言葉が使われているのです。地質学では、地層とか岩石とか地球のモノ＝物質を主に取り扱いその性質を追及するので、地質学という訳語は当を得たものといえるでしょう。

日本の地質学はお雇い外国人の活躍によって始まった

日本の地質学の始まりは、明治になってお雇い外国人を招いてからということになっています。他の分野でもそうでしたが、地質学におけるお雇い外国人の活躍は大きく、彼らを教師として学び、わが国の地質学は発展してきたといえるでしょう。

北海道開拓使が招いたアメリカ人の鉱山学者で地質学者のライマン（1835‐1920）は、1873年（明治6年）に来日し、主に北海道の地質調査に従事しました。そのあと、全国をまわって石油と石炭の調査をしました。

ドイツからも、たくさんの地質学者がやってきました。ネットー（1847‐1909）は、日本の鉱山の助っ人として来日し、のちには東京大学の冶金学の先生になりました。なかでも最も有名なのは、ナウマン（1854‐1927）でしょう。

その名が日本で発見された化石象の名前になって知られている地質学者のナウマンは、等高線のない伊能図（1821年はじめての日本地図にまとめられた伊能忠敬と彼の後を引き継いだ測量隊の成果『大《だい》日《に》本《ほん》沿《えん》海《かい》輿《よ》地《ち》全《ぜん》図《ず》』）を頼りに、北海道をのぞく日本列島の地質調査をおこないながら、地形図の作成にもあたりました。ライマンの北海道の地質調査と合わせて、ナウマンは明治初期にはすでに日本列島の広域的な地質図を完成させました。

ナウマン

ナウマンは1875年（明治8年）に来日し、開成学校、東京大学初代地質学教授をつとめて、多くの日本人地質学者を育てました。和田維四郎《つなしろう》（１８５６‐１９２０）と協力して、地質調査所を創設し、日本の地質図を完成して、１８８５年（明治18年）にベルリンで開催された万国地質学会で発表しました。この地質図の説明書には、自らがフォッサマグナと名付けた断層帯も中央構造線も、その考え方の基本が書いてあり、その後の日本の地質図の基本となるものでした。

１８７６年（明治９年）には、イギリスからミルン（１８５０‐１９１３）もやってきました。工部大学校で地震学を教え、日本地震学会を創設しました。ミルンは地震学者といわれていますが、地質調査も大いにやっています。

日本人地質学者の育成と海外留学

日本人自身による努力も始まります。１８７０年（明治３年）、今井巌（１８５２‐１８９９）は、ドイツ・フライベルク鉱山学校に留学して鉱山学を修め、１８７７年（明治10年）には東京大学の冶金学教授となりました。同じ１８７０年（明治３年）、明治政府は語学を専修する大学南校に入学させる貢進生《こうしんせい》制度を設け、全国から優秀な人材を集めました。地質学では、後に東京大学地質学教授になる和田維四郎や小藤文次郎（１８５６‐１９３５）も貢進生でした。貢進生は１８７５年（明治８年）に大学南校を卒業し、最も優秀な学生は日本政府の命により留学しました。

関谷清景《きよかげ》（１８５５‐１８９６）は英国ロンドン大学へ１８７６年（明治９年）に留学し、機械学を修め帰国してから地震学教授となりました。松井直吉《なおきち》（1857‐1911）は米国コロンビア大学鉱山学科へ留学しましたが、最終的には化学者となりました。長谷川芳之助《よしのすけ》（1856‐1912）と南部球吾《きゅうご》（1855‐1928）もコロンビア大学鉱山学科へ留学し、それぞれ三菱製鉄および八幡製鉄の創建者となり、三菱炭坑の創建者となりました。

日本における最初の地質学教育

1877年（明治10年）、東京大学が創立されて、理学部に地質学採鉱学科が設けられ、日本の地質学教育は正式に始まりました。お雇い外国人でまだ若かったナウマンが、その教壇に立って教えました。その少し前から、開成学校や開拓使学校などにも地質学の講座がありました。日本の地質調査所は1882年（明治15年）の創立ですが、こちらも1878年（明治11年）に内務省地理局に地質課が設置されるという準備期間がありました。日本の地質学会の歴史は、1893年（明治26年）に東京地質学会が創設されたのに始まります。その前からあったいくつかのグループを統合したのがその年で、正式に日本地質学会と改称したのは1934年（昭和9年）のことでした。

04 大陸移動説

20世紀を迎えた地質学

ヴェーゲナー

世界地図を眺めて、西アフリカと南アメリカのふたつの大陸の海岸線を、くっつけるとひとつになると気づいたのは、ヴェーゲナーが最初ではありません。かつて大陸同士が陸橋でつながり超大陸を形成していた、とその証拠をあげて述べたのは、オーストリアの地質学者ジュース（１８３１－１９１４）でした。彼は、ペルム紀に栄えた植物の化石の分布を調べた結果、南アメリカ、アフリカ、インドがひとつの大陸だったと考え、これを「ゴンドワナ大陸」と名付けました。そればかりでなく、アルプスから海生生物の化石が見つかるのは、かつてはそこも大

ヴェーゲナーの大陸移動の図

石炭紀後期

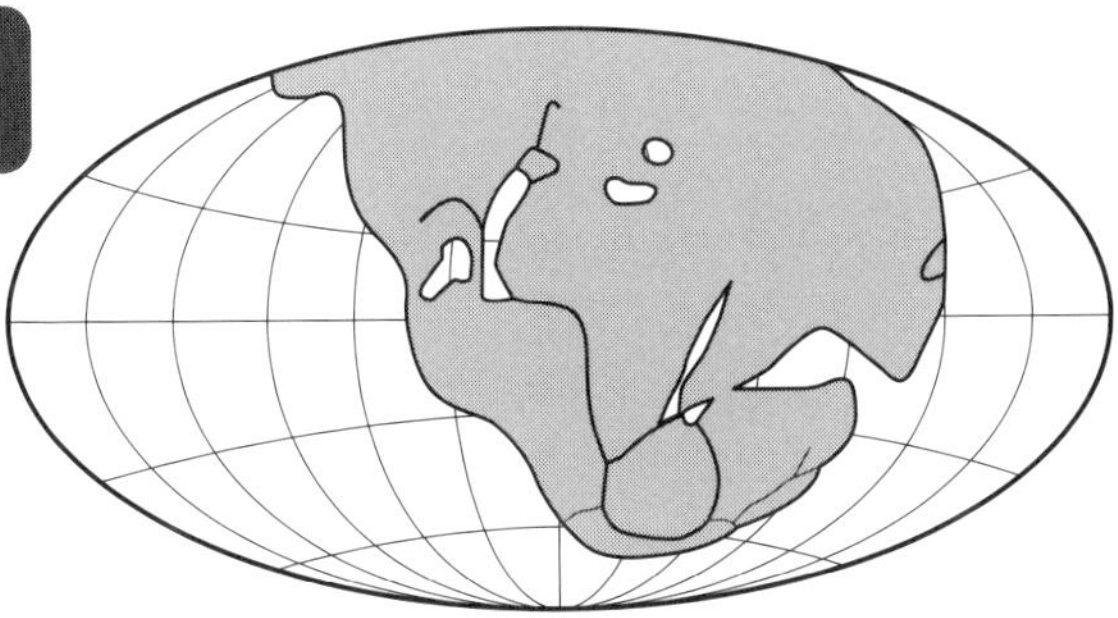

始新世

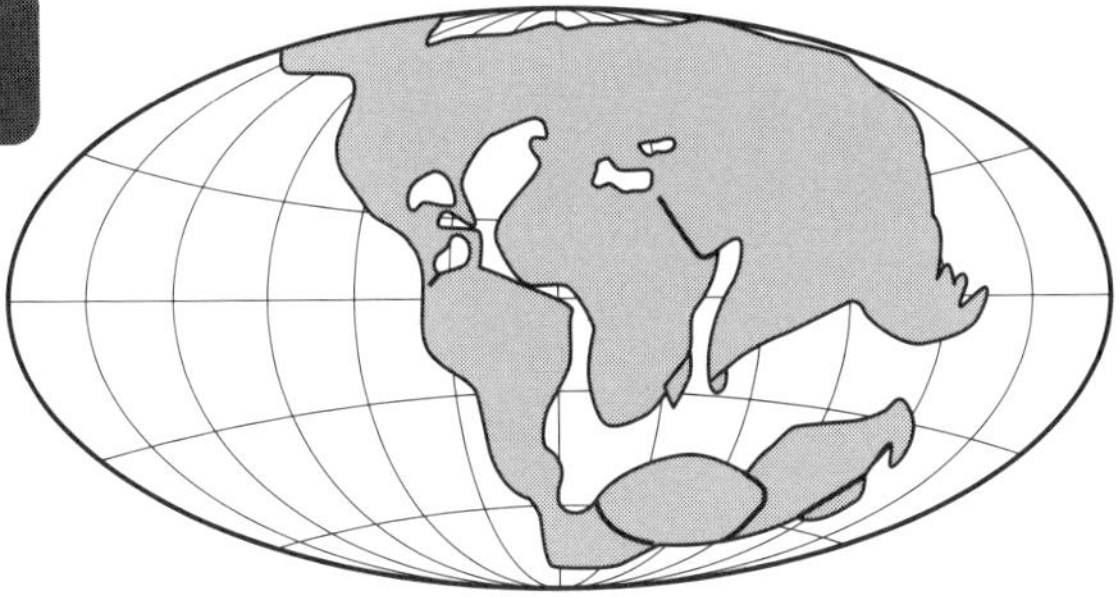

第四紀初期

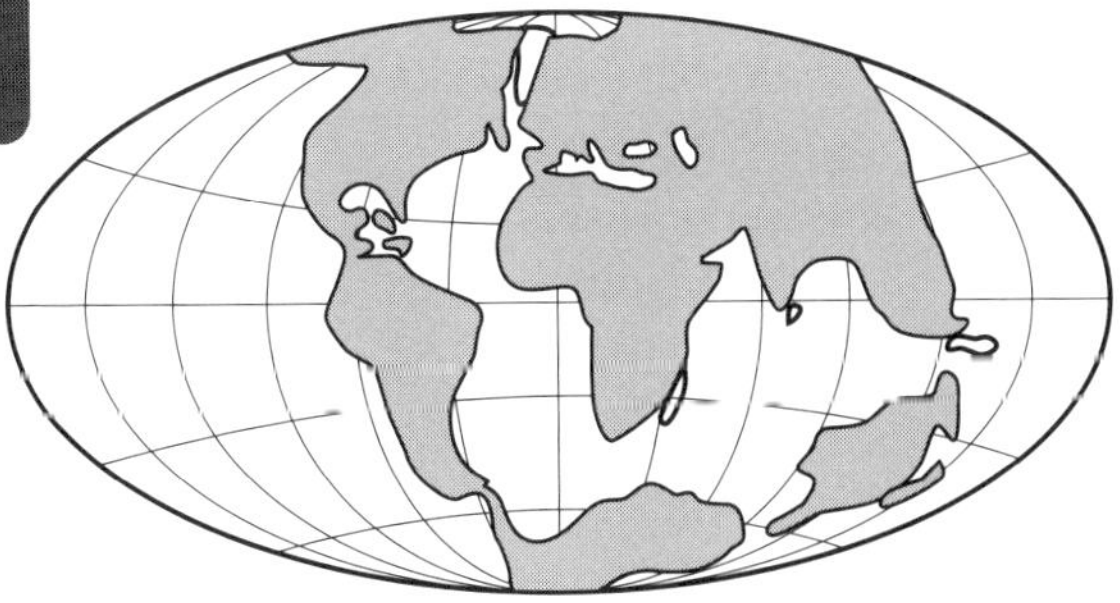

（ヴェーゲナー（1929）による）

洋の海底であったからだと考え、それを「テチス海」と命名しました。また、ジュースは、海洋底には玄武岩が多く、その主成分がケイ素（Si）とマグネシウム（Mg）であることからシマ層と名付け、大陸の地殻を構成しているのは花崗岩が多く、その主成分がケイ素（Si）とアルミニウム（Al）なので、サル層としていました。サル層は後にヴェーゲナーによってシアル層と変えられました。さらに、ジュースは、地球の中心は鉄（Fe）とニッケル（Ni）からできていると考え、ニフェ（NiFe）層と名付け、彼によると地球半径の４分の３がニフェ層で、その上に厚さ１５００㎞のシマ層があり、サル層の大陸が浮いていると考えるなど、なかなか当時としては先進的でした。

しかし、この当時はまだ、地球が冷えて固まるときに収縮して、それにより海底や山脈の形成など地殻変動が起きたとする、地球収縮説が主流だったのです。

大陸移動説が支持されなかった理由

比較的軽い岩石シアルからできた大陸が、比較的重いシマからできた海洋底の上に浮かんでいて、水平方向に移動するという大陸移動説が、発表当初支持されなかったのは、なぜでしょうか。多くの研究者の支持を得るためには、大陸を移動させる原動力の説明が必要でした。大陸が動いたとして、その大陸を動かす力はいったい何であるのかをうまく説明できなかったことが不支持の理由といわれています。

ヴェーゲナー自身は、大陸が極から離れるように移動していることから、離極力というものを考えました。それに加えて月や太陽の引力の影響による潮汐力も原動力になると主張しました。しかし、このふたつの力は、大陸を移動させるには小さすぎると、かえって強く批判されました。その結果、大陸移動説は見捨てられ、広がることはありませんでした。

ヴェーゲナーの時代の地球観では、地向斜説、地球収縮説、地球膨張説などを含めて、すべてが仮説に過ぎず、それを実証するデータ、地球科学的なデータはほとんどなかったのです。1928年にはホームズ（1890-1965）によってマントル対流説が発表されます。これは、地殻の下のマントルが、地球内部で大きく熱対流をしている、というものでした。これは、大陸移動の原動力について、ある程度の問題を解決したと思われましたが、あまり広がることはありませんでした。

大陸移動説の劇的復活からプレートテクトニクスへ

長い間、大陸移動説は無視され続けていましたが、1950年代以降に海底地形の詳細が明らかになったこと、古地磁気学の研究による海洋底地磁気縞模様や極移動の発見等により大陸移動説が見直されました。その後、全地球的テクトニクス理論は、海洋底拡大説をへて、プレートテクトニクスへと発展していきます。

第4章

日本列島はどのようにしてできたのだろうか

優美な島弧が次々に連なってつくる一つの環が、
花綵のように東アジアを取り巻いている。その姿そのものからしてすでに、
日本弧が他のいずれにもまさって、最高に重大な存在であることを示している。
日本弧を支配している地質構造の体制は、
この島弧がアジア大陸の防波堤の役割をになっていることを証明している。
——ナウマン

山下昇訳「日本の地質について」『日本地質の探求』東海大学出版会1996年

中国山地　岡山県北部

01 弧状列島

日本列島を見てみよう

地球儀で日本列島を見ると、地球規模での位置がよくわかります。日本列島は、アジア大陸の東の縁に位置すると同時に、太平洋の西の縁にあり、地形学的には大陸と海洋の間に位置していますが、おもしろいことに気がつきます。

島々の並んでいる並び方が、北のアリューシャン列島から沖縄の南西諸島にかけて、いくつかの弓のように弧を描いています。こうした地形は、島弧または弧状列島ともいわれています。北海道、本州、四国、九州の４つの大きな島と、数えれば実に約６８００もの小さな島々が集まって、南北約３５００㎞にわたって連なっています。まさしく島国である日本列島だけを見ても、日本海が丸く膨らむのを堰き止めているかのように、北海道から沖縄まで、大小いくつかの細長い島が連続して弓なりに並んでいるように見えます。

北から、千島弧、東北日本弧、伊豆‐小笠原弧、西南日本弧、琉球弧の５つの弧状に連なる島（島弧）からできています。日本列島を上空から見ると、きれいな弧がいくつも連なっていてみごとなくらいです。弓なりになるのは、球状をしている地球の表面に対して、板状のプレートが沈み込むために、弧状を呈するともいわれています。リンゴに包丁で切れ目を入れたとき、その切れ目が弧状になるのと似ています。

日本列島はどうやってできた……

日本列島は、まず超大陸ロディニアの分裂によってできた大陸縁に形成されました。その後、新たに形成された超大陸の縁に、プレートの沈み込みにともなって、付加体として掃きよせられて成長してきました。それが、新第三紀中新世の時代に、日本海ができることにより大陸から引き離されて、１５００万年前くらいにはほぼ現在のような形に近い列島の

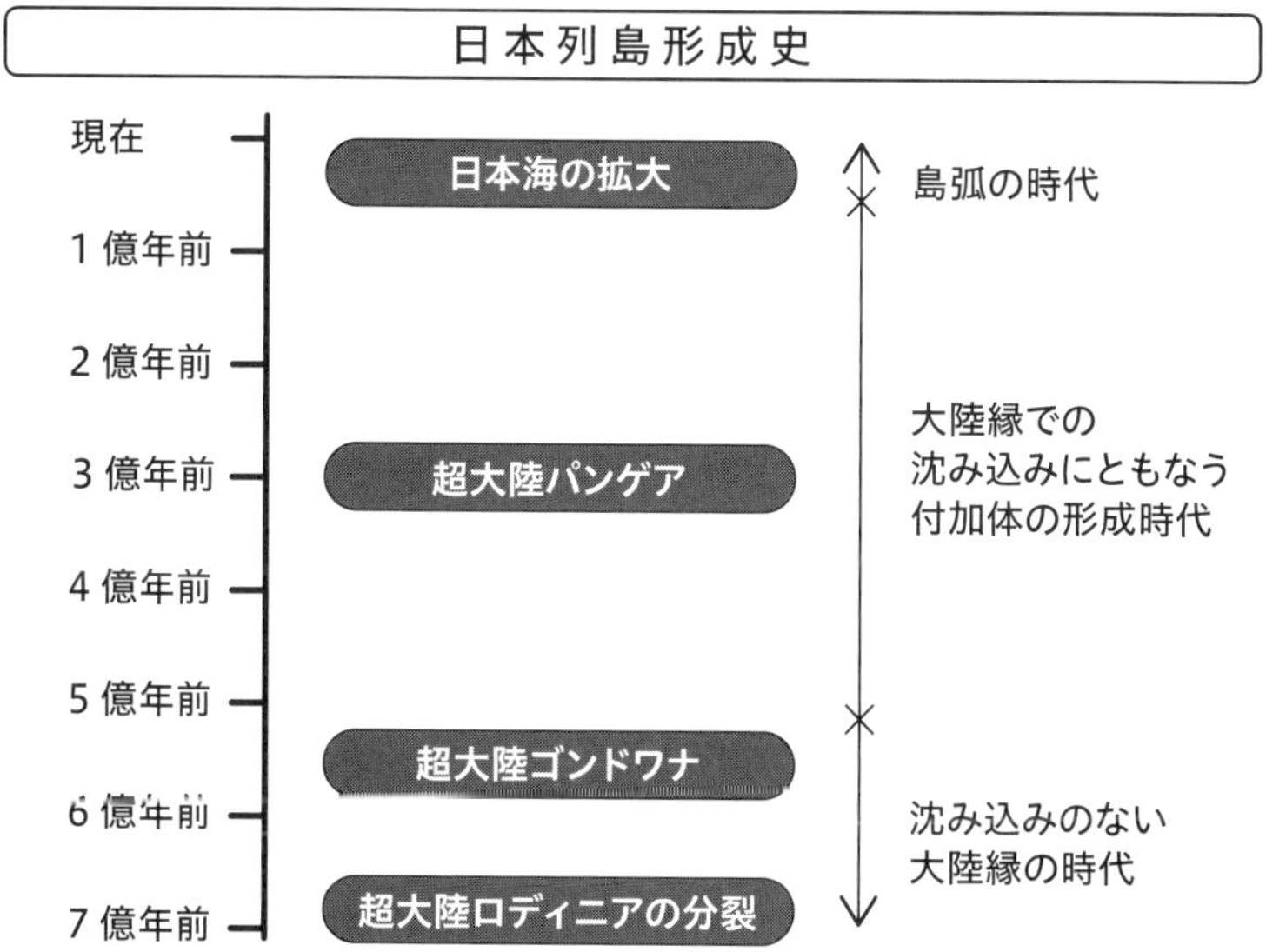

姿になったと考えられています。

この列島形成の時期には、私たち人間の先祖はまだこの地上に現れていませんでした。アジア大陸またはユーラシア大陸とよんでいる、大きな大陸の東縁に位置する日本列島は、その大陸の縁に成長し、その後の造山運動などによって現在のような島弧の形にたどりつくのです。

それでは、列島になる前の、古い日本がどのようであったか見ていきましょう。

02 日本列島の土台は大陸の一部と大陸の縁に掃きよせられた付加体

超大陸ロディニアの分裂から始まる

日本のおおもとは、第2章で紹介した約7億年前に分裂を開始した超大陸ロディニアに関連して生まれました。ロディニア超大陸は、その下の地球の深いところから、スーパープルームとよばれる熱いマントルが上昇してきて、大陸が突き上げられ分裂したといわれています。分裂によってできた超大陸の割れ目で新たな海洋底ができ、古太平洋へと成長していきました。超大陸ロディニアの分裂は再びいくつもの小大陸を生み、リフト帯は拡大し、海洋地殻を生みます。その後、北半球のマントル内でコールドプルームとよばれる巨大な下降流が起こると、古太平洋に散らばっていた地塊は引き寄せられ集まって、再び合体して、約5～6億年前には、新たな超人陸ゴンドワナが形成されます。ロディニア超大陸の分裂から、ゴンドワナ超大陸形成に関連した鉱物や岩石は、飛騨地方や隠岐地方、北上山地、長崎、日立地方などに分布する地質の中に、含まれています。

約5億年前以後には、ゴンドワナ超大陸・パンゲア超大陸の縁で古太平洋プレートの沈み込みにともなって付加体が形成され、日本列島の土台が成長していきました。その後、新第三紀の中頃の日本海の成立によって、日本列島が形成されました。

日本列島の土台をなす代表的な付加体の形成

5億年前以降、古太平洋プレートは超大陸の縁に沈み込みを続けていました。この時代の海洋プレートの上にのった堆積物や岩石が、次々と大陸に付加して、日本列島の骨格を成長させていったと考えられています。現在わかっている大規模な付加体は、ペルム紀末（2億5000万年前）以降のものやジュラ紀中頃（1億6000万年前）のもので、西南日本の秋吉帯や美濃・丹波帯とよばれているところで見られます。日本の土台のほとんどは、こうした付加体で形成されているといってもよいくらいなのです。

石灰岩からなるカルスト地形で有名な秋吉台は、ペルム紀の付加体の中にあります。石灰岩の下

秋吉台のカルスト地形

に海洋性の玄武岩が存在すること、陸からの砂や泥などが含まれないことから、陸から遠く離れた南の海洋島周辺で培われていたものと考えられています。なぜ付加体の堆積物の中に大量の石灰岩が含まれることになったのでしょうか。現在の太平洋底にも、高さが１０００ｍを超えるような海山がたくさんあります。これは昔の海底火山だった山ですが、これらの頂部が海面に近かった時には、その周辺にサンゴ礁が発達していました。これと同様の海山がいくつもあって、それが付加体形成時に衝突すると、海山頂部のサンゴ礁がはぎ取られて付加体の中に混ざり込みます。秋吉台は、そのようにしてはぎ取られたサンゴ礁の残骸だったと考えられています。

このペルム紀の付加体の海側には、ジュラ紀に形成された付加体が付加していきます。この付加体は、海洋底がはぎ取られた玄武岩や泥岩やチャート・石灰岩などの海洋底の上に堆積したものと、陸から運ばれてできた砂岩・泥岩などから構成されています。

現在、最も太平洋に近い陸上には、白亜紀から古第三紀の付加体を構成する四万十層群が分布しています。その南部の海中の南海トラフに沿って新第三紀から現在の付加体が発達しています。

このように、後にアジア大陸の東端となる地塊の端に位置していた日本列島の祖先は、絶え間なく付加体を取り込みながら成長しました。同時にプレートの沈み込み活動にともなって火成活動も盛んになり、大量の花崗岩をつくりだします。こうして、だんだんと海側に向かって、断続的に大陸を拡大させていきました。

03 大陸が日本海拡大によって割れ大洋側に押し出される

2000万年前から1500万年前の日本海の形成

およそ2000万年前までは、将来日本列島になる地塊はまだ大陸の縁にありました。大陸周辺で、島や半島などに囲まれた海を縁海《えんかい》といいますが、当時の日本には、まだ縁海としての日本海はありませんでした。２０００万年前になると、新たな動きが始まります。大陸の陸弧の西側で、大陸地殻の分裂が起こり、日本海ができるのです。日本海の形成にともなって、日本は大陸から分離して島弧となりました。大陸の縁で付加体として成長してきた日本は、いよいよ大陸とは切り離され、ほぼ南北に延びた島々の列からなる島弧になり、ついに、日本列島が成立しました。日本海の拡大は約１５００万年前にはほぼ終了しました。

日本海拡大のナゾ

日本海がどのように拡大して、今の日本列島が形成されたのかは、現在でも完全な解答の得られていない第一級の課題です。これには主な説がふたつあります。そのひとつが、古地磁気学の研究をもとに提唱された説で、東北日本が反時計回りに回転し、西南日本が時計回りに回転した結果、日本海ができたという説です。もうひとつは、朝鮮半島の東にある断層と日本海の東縁にある断層が反対方向に動いて、両者の間が大陸から離れたという説です。朝鮮半島の東の断層は、断層の東側が南に動く横ずれ断層です。一方、日本海の東縁に推定される断層は、東北日本弧をたすき掛けで切るように山形県から茨城県に向かってほぼ南北に延びる棚倉断層（構造線ともいわれている）につながっていて、断層の西側が南に動く横ずれ断層と考えられています。これらの横ずれ断層がセットになって動けば、その間に挟まれた地塊は大陸から切り離されて、南に移動すると考えられます。多くの研究者が盛んに研究しているところですが、現時点ではどちらにもはっきりとした結論は出ていません。

東北日本と西南日本の境目にあたるのがフォッサマグナですが、ここも日本海拡大にともなって形成されたと考えられ、複雑な構造をしています。回転説、横ずれ断層説のいずれをとるにせよ、矛盾なく説明される必要のある課題です。

さらに事件は続く

日本列島が形成される時期に、もうひとつの大事件が起こりました。その場所は、フォッサマグナの南部です。ここで島弧の衝突が起こりました。南部フォッサマグナは本州弧と伊豆-小笠原弧が交わっているところなのですが、昔は、これらはひとつながりのものと考えられていました。

ところが、実はそうではなくて、もともとは本州弧と離れて南の海にあった伊豆となる地塊が、プレートにのって北上して本州に衝突してくっついた、それが伊豆半島だというのです。

本州弧の南側では、東から押し寄せる太平洋プレートと南から北上してくるフィリピン海プレートの境界が南北に走っています。古くて重い太平洋プレートは、新しくて軽いフィリピン海プレートの下にもぐり込んでいます。そこで火山活動帯が南北に長くできます。そこでは海底火山が爆発し、島をつくります。それらが、今も噴火をしている伊豆諸島なのです。最近の研究では、伊豆半島はフィリピン海プレートの上にあった地塊で、フィリピン海プレートの沈み込みにともなって北上し、本州に衝突したものとされています。また、伊豆半島が衝突付加するより前にも、丹沢山地、御坂《みさか》山地、櫛形《くしがた》山なども衝突し付加したという説もあります。

日本列島の遠い未来のこと

こうして日本列島はできてきたのですが、日本列島の未来のことを考えてみましょう。われわれが決して見ることができない、ずっと先の日本列島を想像してみましょう。現在、太平洋の周辺は、海洋プレートの沈み込み帯になっています。一方、太平洋に対して地球の裏側にあたる大西洋の周辺では、プレートは沈み込んでいません。このままの状態が続くと、今後、太平洋は次第に縮まって小さくなり、逆に大西洋は拡大して広がることになります。

想像される結果は、いずれユーラシア

伊豆の小火山大室山

大陸とオーストラリア大陸・アメリカ大陸は衝突合体して、新しい大陸になるでしょう。日本列島は、その間にサンドイッチのハムのように挟まれてしまうことが予想されます。そうなると押しつぶされる危険もあるので、これはちょっと危ない状態かもしれませんが、それはずっと遠い2億5000万年も先のことなのです。

04 日本列島の歴史解明のキーとなる「付加体」と「グリーンタフ」

付加体とよばれるモノ

付加体については前に紹介しましたが、ここでは少し詳しく付加体のできかたを説明しましょう。付加体という用語が盛んに使われ始めたのは、ここ数十年のことです。プレートテクトニクス理論の受容とともに、登場してきたこの概念は、日本列島の土台のでき方を理解するうえで、きわめて重要な考え方でした。

付加されたとはどういうことでしょうか。非常にゆっくりと水平方向に動いている海洋プレート

海洋プレートの沈み込みと付加体

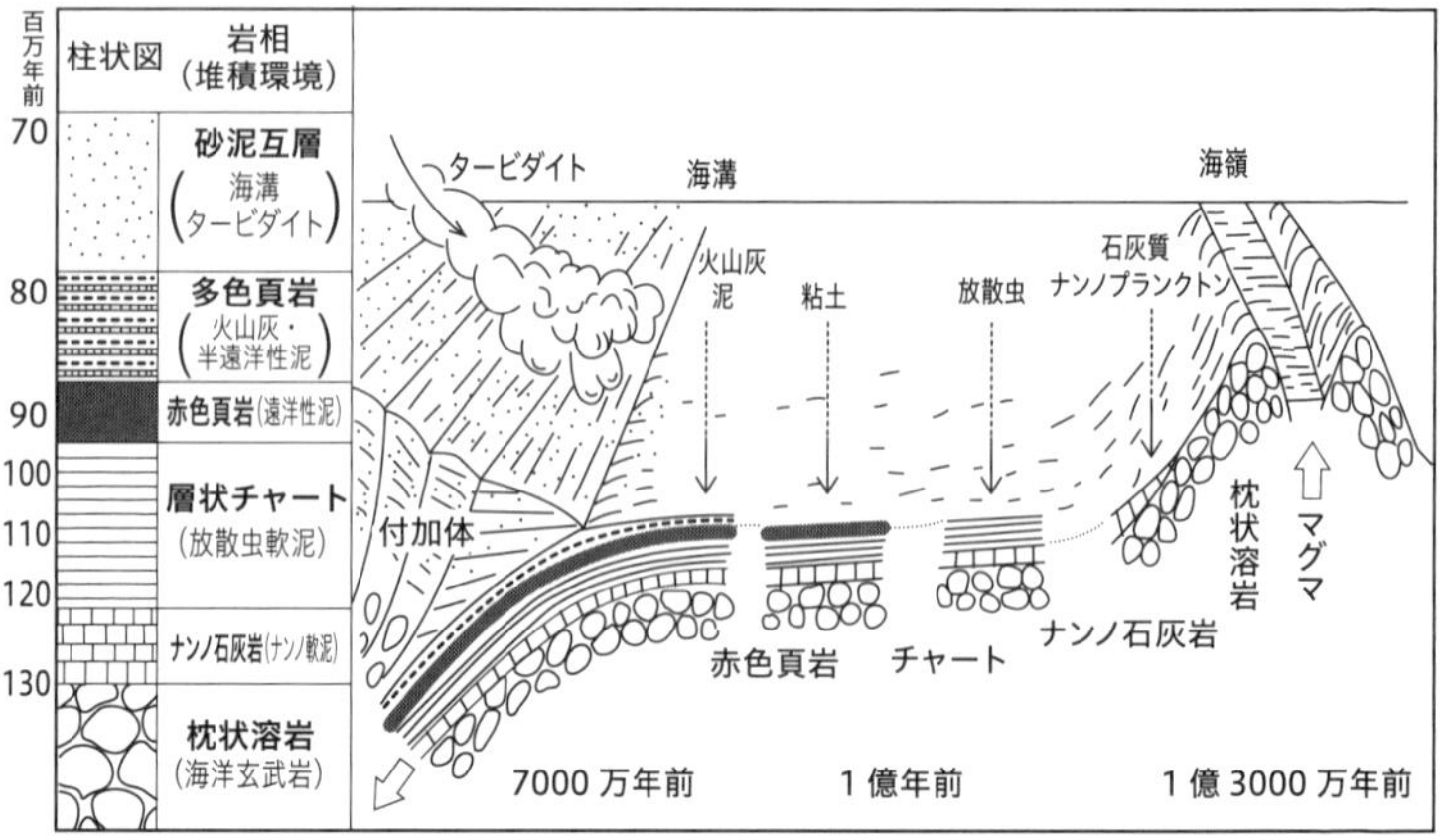

四万十帯付加体のメランジュに混在する海洋プレートの破片から、海洋プレート層序が左の柱状図のように復元される。（平（1990）にもとづいて斎藤（1992）が簡略化）

は、海底にたまった堆積物や海山、サンゴ礁などをのせて運んできます。そして、海溝では、陸から供給される砂や泥が、それらの上にたまります。海洋プレートの沈み込みにともなって、それらがはぎ取られます。その時に海底の一部もはぎ取られることがあります。このはぎ取られたものが陸側にくっついたものを「付加体」とよんでいます。

　海洋プレートが海溝で大陸プレートの下に沈み込むとき、それまで海洋プレートの上にたまっていた地層やそれらをおおって堆積した陸起源の砂や泥の層ははぎ取られ、まるでブルドーザーがゆっくりと土砂を押し出すように、陸側に押し付けられていくようになります。これが「付加作用」で、これによって、陸側に押し付けられて積み重なって付け加えられた、くさび状の構造体のことを付加体といいます。

これと同様に、押しつけられた層は、陸に向かってどんどん付け加わっていきます。その結果、押しつけられた地層は、トレーに並んだ魚の切り身「さしみ」のような形になります。これを簡単に図解すると、陸側が下がり海側が少しもち上がって、斜めに折り重なるように描くことができます。

付加体が露出している海岸を歩いてみて、実際にそんなふうに見えるでしょうか。実際には、海側に地層が傾いていることも多いでしょう。それは、付加体ができた後、力を受けて陸上にもち上がるときに断層や褶曲ができて複雑に変形しているからです。

海底に吹き出すマグマがつくる枕とマリーンスノー

プレートテクトニクスの考え方に従うと、海洋プレートは海嶺で生産（湧き出して）され、海嶺の両側に広がっていき、海溝でマントル内に沈み込みます。日本列島は長い間、この海溝の近くにありました。海嶺では、地下からマグマが上がってきて冷えて固まります。マグマが海底に吹き出すと、海水で急激に冷やされて、長く伸びたチューブを重ねたような枕状溶岩になります。枕状溶岩は海底火山からマグマが海底に噴き出してできた溶岩で、海水でマグマが急に冷やされて、細長い枕のような形をしています。これは、海底に吹き出した玄武岩溶岩の特徴です。

表面が枕状溶岩でできた海洋プレートが、海溝に向かって移動していきます。四万十帯（後述）

の場合、海洋プレートができた場所は赤道付近でした。そのため、その上にある海水の表面近くには、光合成をする単細胞の藻類で、微細な植物プランクトンであるナンノプランクトンが大量に発生していました。ナンノプランクトンの殻と骨格は石灰質の炭酸カルシウムでできていて、これらが死ぬと遺骸は海底に向かって雪が降るように注ぎ、マリーンスノーとよばれています。これが堆積して固まるとナンノ石灰岩になります。

放散虫の大量発生地域を通過

　海洋プレートがさらに移動し、赤道地域からはずれると海水中には動物プランクトンである放散虫の大量発生地域の下を通過します。なお、放散虫は約5億年前から出現し、海の中を漂う美しい形をした単細胞の原生動物で、二酸化ケイ素の骨格をもっています。放散虫が死んで、その遺骸がマリーンスノーとなって海底に堆積して固まると、チャートになります。ここまでで、ナンノ石灰岩の上にチャートが重なることになります。

　プレートがより大陸に近づくと、大陸から飛翔してきたこまかな石英粒や泥粒が海底に落下し、堆積して粘土になります。これらは、海底で変質され赤色～チョコレート色になり、赤色頁岩《けつがん》となります。さらにまた大陸に近づくと、陸からもたらされた火山灰や泥が上にたまっていきます。これが多色頁岩になるのです。

海溝に到達する

海洋プレートが海溝に到達すると、陸からタービダイトとしてもたらされた泥や砂が最上部にたまります。タービダイトとは、砂や泥が「混濁流」という流れによって一気に堆積した地層のことです。タービダイトは、大陸棚などにたまった泥や砂と海水が混ざっておかゆ状になったものが、斜面に沿ってなだれ落ちたものですが、砂と泥では流れ落ちて降り積もる速度が違うので、砂と泥の層が交互に重なっています。

海洋プレートが大陸のプレート下に沈み込むと、プレート最上部の枕状溶岩とその上に重なっていたナンノ石灰岩、チャート、赤色頁岩、多色頁岩、砂泥互層が、一連のものとしてはぎ取られて、大陸の縁に付加します。

海溝に取り込まれていくところにある海山

日本海溝のなかでは、房総沖の第一鹿島海山や、北海道襟裳岬沖の襟裳海山などは、海洋プレートの上にある海山が今まさに海溝に取り込まれていくところです。これと同じことが、ペルム紀にも起こっていました。岐阜の赤坂石灰岩や栃木の葛生《くずう》石灰岩は、海山の上に発達したサンゴ礁が、ジュラ紀に衝突付加したことによりできたものです。

日本海の拡大にともなって形成されたグリーンタフ

　大陸が割れて日本海が形成されるときには、多くの割れ目に沿って各地で火山活動が活発になりました。この時期、東北日本を中心として、日本列島の大部分は海面下にあったため、多くの火山活動は海中で起こりました。このときの火山からの放出物は、現在、西南日本の日本海側、東北日本、北海道西部などに広く分布しています。風化していない新鮮な部分では緑色をしているので、「グリーンタフ」とよばれています。タフとは、火山放出物が固まった岩石のことをいいます。グリーンタフは、大陸が割れて日本が大陸から独立した事件の証人ともいえるのです。

グリーンタフで有名なのが大谷石

　グリーンタフで有名なものは、栃木県の大谷で採掘されていた大谷石です。整形しやすいので、塀や門柱、建物の壁などに広く使われています。温泉の風呂場の床や壁などに使われているのを見かけることもあります。普通は茶色に見えますが、これは風化の結果です。新鮮な大谷石は緑色をしています。特に水にぬれると鮮やかな緑色になり、滑りにくいことから風呂場でよく使われているのでしょう。

　グリーンタフ時代には、海底の割れ目から噴出した熱水から沈殿してできた黒鉱《くろこう》が形成されました。黒鉱は亜鉛、鉛、金、銀など採取できる数少ない優良な鉱石で、地下資源の少ない日本でも、有力な鉱床でした。山形県、秋田県をはじめグリーンタフ地域で採掘されてきました。

05 主な地質帯と地質図から日本列島の歴史を読む

「○○帯」とは

別の章や項目の中で、すでに何度も出ている言葉ですが、日本列島の歴史を理解するために必要な言葉として、ここでざっと説明しておきましょう。同じ時代に、同一の条件のもとに形成された地域、すなわち同じ地質学的履歴をもった岩石や地層が分布している代表的な地域名をとって○○帯とまとめてよんでいます。ひとつの「帯」の中にも、さまざまな種類の岩石が出てきます。一方、付加体といった名称は、その地層群の形成メカニズムを考慮した名称です。

地質図のなかでは、「○○層」というのが、地層区分の基本的な単位になっています。類似した岩質のものをまとめて定義したものです。「層」の下位の分類は「単層」、「部層」になり、層が集まったものは「層群」になります。

日本列島の歴史解読の有力なツール

左の地質帯の分布図と第1章で紹介したシームレス地質図を合わせて見ることにより、日本列島の形成史をたどることができます。地質図を読めるようになったら、地質図を片手に日本列島の歴史をたどる旅に、ぜひ出かけてみてください。以下で日本各地の地質帯の特徴を説明します。みなさんの足下の地質はどんなものでしょうか。

地質図を読み解くためには、それなりの訓練が必要ですが、その基本的な方法については、日本地質学会が編集した冊子、『フィールドジオロジー入門』（共立出版）で紹介されています。

日本の地質帯

これから日本の地質帯を古い方から順に説明していきます。ここにあげた図は、第四紀火山、グリーンタフ相当層をはぎ取った図で、日本列島の土台を表しています。

［飛騨帯、隠岐帯］

日本でいちばん古い時代の地質帯は、富山県から岐阜県、石川県、福井県にまたがる飛騨地方の飛騨帯と、日本海に浮かぶ隠岐諸島の島後《どうご》に見られる隠岐帯です。いずれも片麻岩などの変成岩類で構成されています。

飛騨帯は、片麻岩に代表される飛騨変成岩類と、それを貫く飛騨花崗岩類で構成されています。

日本の地質帯概略図

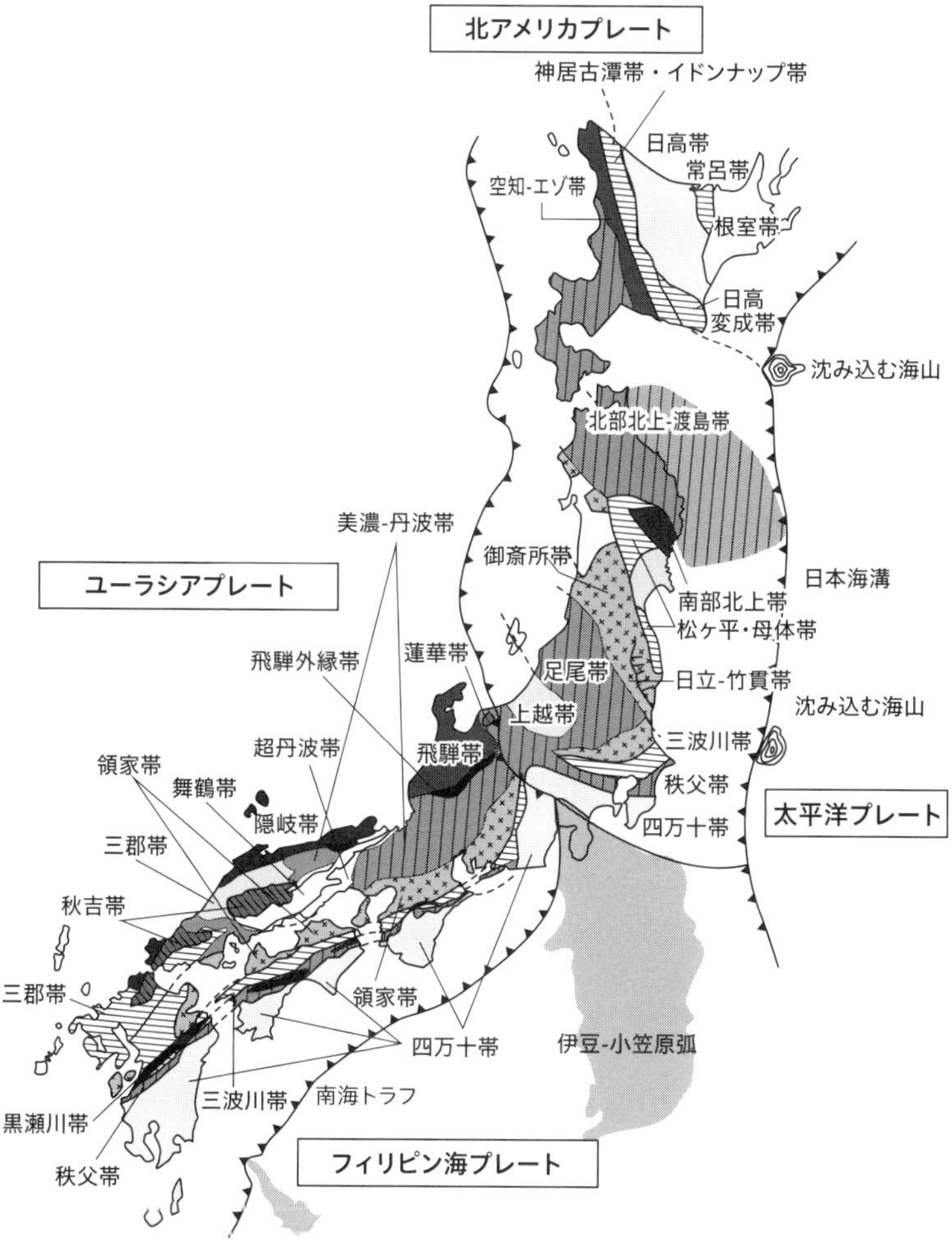

（磯崎・丸山（1991）をもとに作成）

飛騨帯は長い地質時代のなかで、何回かの変成作用を受けてきたものです。飛騨花崗岩類の年代が２・２億～１・８億年前のものであることもわかってきました。一方の隠岐帯も、片麻岩類からなるものですが、これらの変成岩類は、中国大陸や朝鮮半島の古い時代の岩石とよく似ていること、また年代測定をした岩石のなかには20億年前のものがあることから、６億年より古い先カンブリア時代の古い大陸に起源をもつものと考えられています。つまり、飛騨帯や隠岐帯の変成岩類などは、古いアジア大陸の断片であり、日本列島の起源となる最初の地質帯といえるものです。

［蓮華帯、上越帯、黒瀬川帯など］

次に古い地質帯は、飛騨地方の飛騨外縁帯や上越地方の蓮華帯・上越帯、近畿地方の大江山帯、紀伊半島から四国、九州に現れている黒瀬川帯、東北地方の早池峰《はやちね》帯を含む南部北上帯や日立－竹貫帯の一部、それに日立変成岩類などで、５～３億年前の岩石・地層からなる地質帯です。これらも変成岩類と、凝灰岩や石灰岩など堆積岩類で構成されています。

大江山帯や早池峰帯などの岩石類は、５億年前まで拡大を続けていた古太平洋の海洋地殻をつくっていたオフィオライトです。５億年前からはゴンドワナ超大陸が分裂し、新しい海洋底が拡大し始めました。そのため、それまで拡大を続けていた古太平洋の海洋底は、反対に縮まる動きに変わります。そして海洋地殻に断裂ができ、その断裂がやがて海溝となり、そこから海洋プレートが地球内部に沈み込みをはじめたのです。拡大をしていた古太平洋の海洋地殻の一部は、海溝から沈み込まずに大陸側に取り残されました。南中国地塊と北米地塊の間に生じた最初の海洋地殻の一部をつくっていた岩石とされています。

［秋吉帯、三郡帯、舞鶴帯、超丹波帯］

その次に新しい地質帯は、中国地方の秋吉帯や三郡《さんぐん》帯、舞鶴帯、超丹波帯で、その時代は3～2億年前を示しています。秋吉帯には、その名が示すように秋吉台と秋芳洞がある地域を中心に、主に石灰岩が広く分布しています。三郡帯は海洋起源の玄武岩や石灰岩、チャートなどと、陸起源の砂岩、頁岩などを原岩とする変成岩からなっていて、舞鶴帯は主にオフィオライトの海洋地殻を構成していた岩石類と凝灰岩や頁岩からなるもので、超丹波帯はチャートや砂岩、泥岩からなっています。

［美濃‐丹波帯、秩父帯、足尾帯、北部北上‐渡島帯］

日本列島で広く分布する地質帯は、やはり3～2億年前に形成された美濃‐丹波帯や秩父帯、足尾帯、北部北上‐渡島《おしま》帯などです。これらの地質帯は、海洋底をつくる玄武岩や、石灰岩、チャートや泥岩など海洋起源の堆積岩、砂岩や泥岩など陸起源の堆積岩で構成されています。2億年前以降の海洋プレートの沈み込みによって形成された付加体です。

［三波川帯、領家帯、御斎所帯、神居古潭帯］

2億年前から1億年前頃に形成された地質帯が、細く帯状に分布する三波川《さんばがわ》帯や領家帯、東北地方の御斎所《ございしょ》帯、北海道の神居古潭《かむいこたん》帯などの変成岩類と花崗岩類が分布する地帯です。

三波川帯は、関東山地から東海地方、紀伊半島、四国、九州へと東西に長く続く結晶片岩からなる変成岩帯です。これは約1・4億年前頃、古アジア大陸の縁の海溝で形成された付加体が、当時の海洋プレートの沈み込みにともなって地下深部へもぐりこみ、1・1億年前頃までに強い圧力を受けてできた変成岩が、8000万〜7000万年前頃に、海底の大山脈である中央海嶺の沈み込みにともなって地下から上昇し、陸上に現れたものとされています。

三波川帯の北側に、中央構造線を境にして帯状に分布する領家帯は、花崗岩類や粘板岩、ホルンフェルスなどの高温型の変成岩類からなるものです。御斎所帯と同じく、1億年前頃中央海嶺が海溝から沈み込み、大量の花崗岩質マグマが形成され、花崗岩類とその熱の影響を強く受けて高温型の変成岩類が形成されたものです。この大量の花崗岩質マグマの活動は、6000万年前頃まで続き、中国地方に見られる花崗岩類や、中部地方の濃飛《のうひ》流紋岩をつくる大規模な火成活動ももたらしています。

［空知‐エゾ帯、常呂帯、根室帯、日高帯、日高変成帯］

北海道の日高山地西側に展開する空知‐エゾ帯は、約1億5000万年〜8000万年前の地質帯です。海洋底を構成する岩石類と、大型のアンモナイト化石を含む泥岩、砂岩層などで構成されています。

日高山地の東側には約1億年前の海底や海溝、あるいは陸棚で形成された常呂《ところ》帯や根室帯が分布していますし、北海道の屋根である日高山地には、日高帯と日高変成帯が現れています。日高帯は、1億年前から5000万年前頃の砂岩泥岩層と玄武岩からなり、一方の日高変成帯は、5000万

四万十帯の室戸岬

年前以降に形成された変成岩類や、深成岩類からなるプレートが接合することによって形成された地質帯です。日高山脈南部のアポイ岳では、マントルをつくる岩石のかんらん岩を見ることができます。

[四万十帯]

日本列島で一番新しい地質帯が、約1億年前から3000万年前頃までに形成された四万十帯です。それは、なんと琉球列島から九州南部、四国南部、紀伊半島、南アルプスを経て関東山地まで、約1300km、幅最大100kmにわたって続いています。列島の南側を縁どるように、太平洋側に沿って、長く続くこの地質帯は、チャートや砂岩、泥岩などからなっています。

古アジア大陸の東の縁にあった海溝付近で形成された付加体で、陸地から流されてきた砂や泥が海溝より陸側の海底に堆積したもの、そしてその堆積物が海底の土砂崩れによって海溝に再堆積したもの、また海洋性の玄武岩や遠洋性堆積物のチャートや石灰岩が混在したものなどからできています。

１９８０年代以降、地質時代を決定できる放散虫や有孔虫、ナンノプランクトンなどの微化石が発見され、形成時代が詳しくわかるようになりました。

日本列島の現在の姿（第四紀）

今、世界では地球温暖化が問題になっています。でも、実は地質学的スケールで見ると、現在は寒冷化にむかう大きなサイクルのなかにいるともいえるのです。私たちが生きているこの時代は、２５８万年前から続いている「第四紀」として区分されています。そのうちでも、最も新しい70万年前から現在までは、約10万年の周期で地球全体が寒冷な時期（氷期）と温暖な時期（間氷期）が繰り返されてきました。今は間氷期といわれる時期にあたり、次の氷期に向かっている時代なのです。人類は地球の生態系や環境を、大きく変えてきています。

氷期には、極地方や大陸高地の氷河が増え、水が固定されてしまうので、海水が減り海面が下がります。一方、間氷期には逆に海水が増えて海面が上がります。この変化を、私たちは今の日本の地形から読み取ることができます。関東地方を例にとってみてみましょう。

海面の上下変化にともなって沈んだり浮かんだりする関東地方

今から12～13万年前は、現在よりひとつ前の間氷期にあたり、海面が現在より数m高く、今の関東平野の大部分は海面下にありました。この頃の海を、古東京湾とよんでいます。その後の最終氷期の約2万年前は最も寒冷な時期になります。海面は125～130mも低くなり、古東京湾も干上がってしまいました。河川では、その下方に削り込みにより深い谷が形成されました。

全国的に見ると、北海道では、永久凍土・ツンドラが発達し、また、日高山脈・北アルプス・中央アルプス・南アルプスでは、氷河によってできたカール地形が見られます。最終氷期が終わると、次第に温暖化が起こり、6000年前には現在より気温が1度から2度高くなり、海面も現在の海面に比較して2～3m高くなりました。最終氷期に形成された深い谷に、海が侵入してきます。ちょうど歴史時代でいう縄文時代に相当する時代なので、これを縄文海進といいます。

現在の関東平野では、12～13万年前の海にたまった堆積物によってつくられた台地面（標高40～60m）が広く認められます。その台地の下の川沿いの低地の下には、縄文海進のときに谷を埋めた砂や泥からなる地層があります。ちなみに、縄文海進の結果できた地層は東京の有楽町の下に分布しているため、東京付近では有楽町層とよばれています。まだ固まっていない泥や砂からなり、地震の時には大きく揺れたり、液状化を起こす可能性があります。関東平野では気候変動にともなう海面の上下変化を、台地と低地という地形から読み取ることができるのです。

霞ヶ浦は、琵琶湖についで日本で2番目に大きな湖ですが、これも縄文海進に関連して形成された湖です。縄文時代に谷に侵入してきた海がその後引いたときに、川の出口が堆積物でふさがれて水が抜けなかったために、昔の湾が残ったものです。これを海跡湖とよびます。日本最大の湖である琵琶湖は、これとは違い断層に挟まれた地域が陥没してできた湖ですので、霞ヶ浦は日本でいちばん大きな海跡湖になります。

第5章

大地のおくりもの 地下資源

須賣呂伎能《すめろきの》　御代佐可延牟等《みよさかえんと》　阿頭麻奈流《あづまなる》
美知乃久夜麻尔《みちのくやまに》　金花佐久《くがねはなさく》 ——大伴家持

『万葉集』

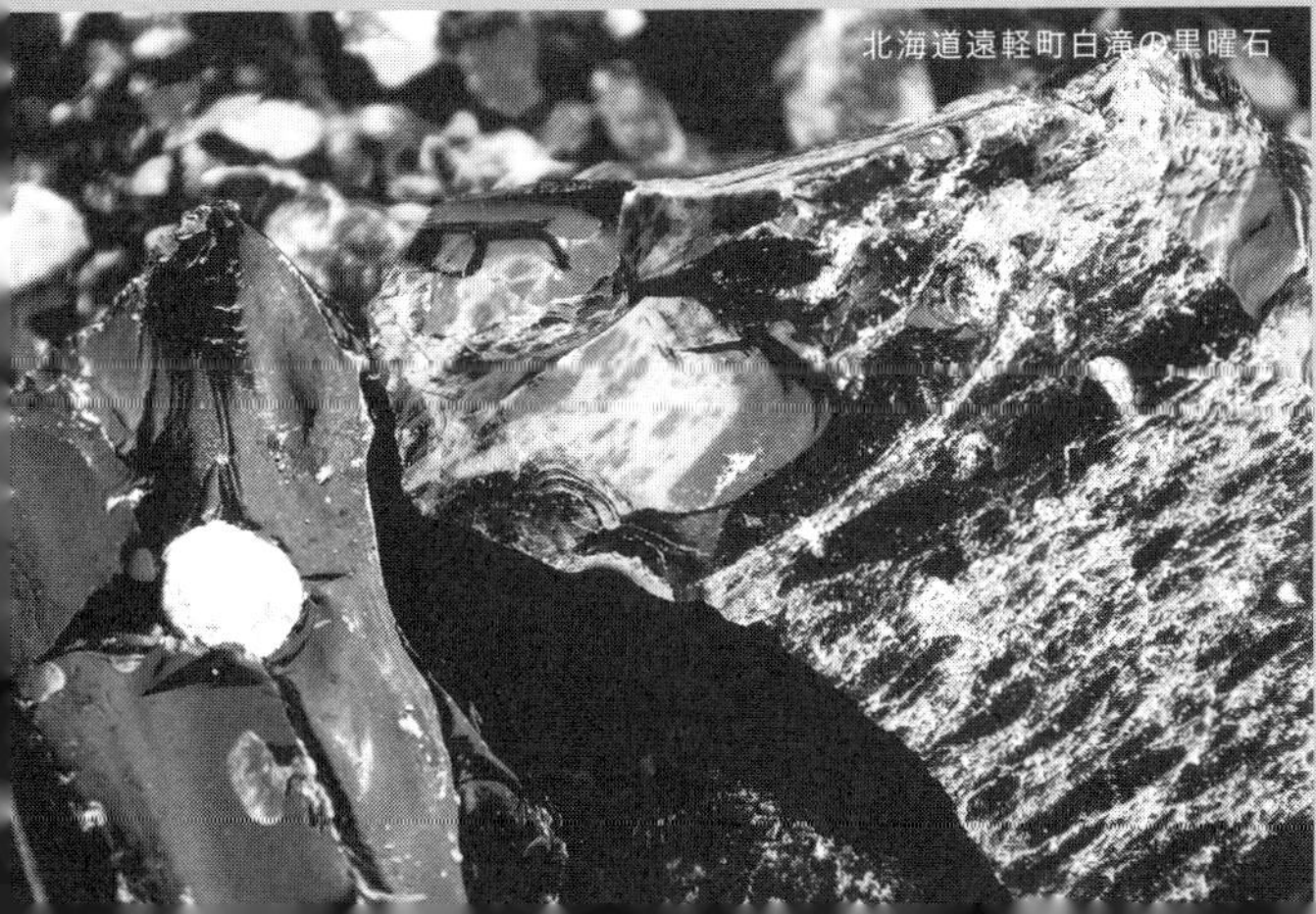

北海道遠軽町白滝の黒曜石

01 長い時間をかけて地球のなかではぐくまれてきたもの

地質時代に蓄えられた化石燃料

パンゲア大陸ができた後、2億数千万年前から1億年前の地球上には巨大な植物が繁茂しますが、これが倒れて堆積して、長い間強い圧力に押し固められて、燃える化石（石炭）になります。同じく繁栄していた生物の死骸も泥とともに堆積し、高温と高圧により化石になり、それがまた地中の熱で熟成されて石油やガスになりました。

ヨーロッパで寒い冬を過ごすため、16世紀から熱エネルギーとして広く利用されるようになっていた石炭は、イギリスで動力源として産業革命を支えました。わずかに灯油として明かりを灯すために使われていた石油も、19世紀になるとアメリカで大量生産、大量輸送の体制がつくられました。以来、第二次産業革命ともよばれるエネルギー革命が起こり、現在に至るまで石油の時代が続いています。近現代の世界は、地中に埋もれていた石炭と石油という地質時代に蓄えられた化石燃料を、ひたすら取り出してそれを消費することによって、成り立ってきました。

有用な地下資源となるもの

岩石のなかに含まれる鉱物には、人間の活動にとって有用な資源となるものもあります。そうした鉱物やそれらを含む岩石のことを、「鉱石」とよんでいます。オリンピックの表彰メダルになっている金・銀・銅といった貴金属類をはじめとして、マンガン、コバルト、ニッケル、チタンといったレアメタルといわれるものまで、幅広くあります。そして、それらは地下資源とよばれ、今このときも世界中のいたるところで資源探査・開発が続けられ、掘り出されています。

ダイアモンドやルビー、サファイヤ、エメラルドといった鉱物は、特別にめずらしく貴重でかつ美しいので、「宝石」とよばれて珍重されています。鉱物のうち、宝石とよばれるものには条件が必要です。希少性が高いものであり、見た目が美しいこと、これは欠かせません。3つ目の条件は、耐久性に優れ硬度が高いことです。

鉱物のほかにも石炭や石油といった地下資源も特定の場所に濃集して鉱床をつくっています。

元素はこうして宇宙空間に飛び出した

第1章で紹介した元素の周期表は、誰もがどこかで眼にしているはずですが、そのいちばん左上端にひとつだけ飛び出ているのは、原子番号1の水素（H）です。水素は陽子と電子がひとつずつという単純な構成です。138億年前ビッグバンによる宇宙誕生のときに、まず最も軽い元素である水素が生まれ、続いて次に軽い原子番号2のヘリウムができ、原子番号3、4のリチウムとベリリウムがあとを追ったと考えられています。

やがて、混沌のなかで水素とヘリウムが寄り集まって恒星となると、その内部で核融合反応が起きます。そこで、炭素（C）、窒素（N）、酸素（O）などができます。超新星爆発によってできた重い元素を含めて、今わかっている94種類の元素が宇宙空間に飛び散りました。それがまた徐々に集まり始め、それらが宇宙で回転運動を始めるうちに太陽系ができ、そして地球ができました。地球上に元からあって人工ではない天然の元素は、そのほとんどが46億年前に宇宙から寄り集まってきました。

地殻を構成するもの

地殻では、酸素（O）がほぼ半分を占めていて、ケイ素（Si）が全体の4分の1を占めています。ふたつの元素だけで75％を占めているのです。以下はアルミニウム、鉄、カルシウム、ナトリウムを合わせても18％、となっています。地殻の成分（構成元素）の比率は、多い順に並べると、

O	46.6％
Si	27.7％
Al	8.1％
Fe	5.0％
Ca	3.6％
Na	2.8％
K	2.6％
Mg	2.1％
Ti	0.4％
P	0.1％

となります。この比率の数字は、まず代表的な岩石の成分を調べ、地質図上でその岩石が世界中に

チュキカマタ鉱山の銅鉱石　緑色の鉱物（写真では灰色部）が珪孔雀石。黒色鉱物が輝銅鉱。（チリ）

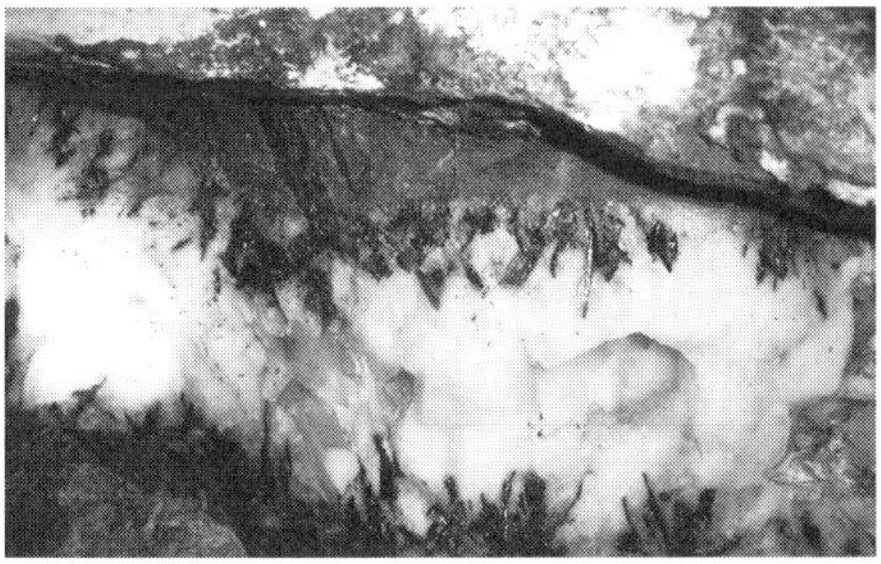

大明山タングステン鉱山の鉱脈　黒い部分は鉄マンガン重石。白い部分は石英。タングステンは鉄マンガン重石に含まれる。（中国）

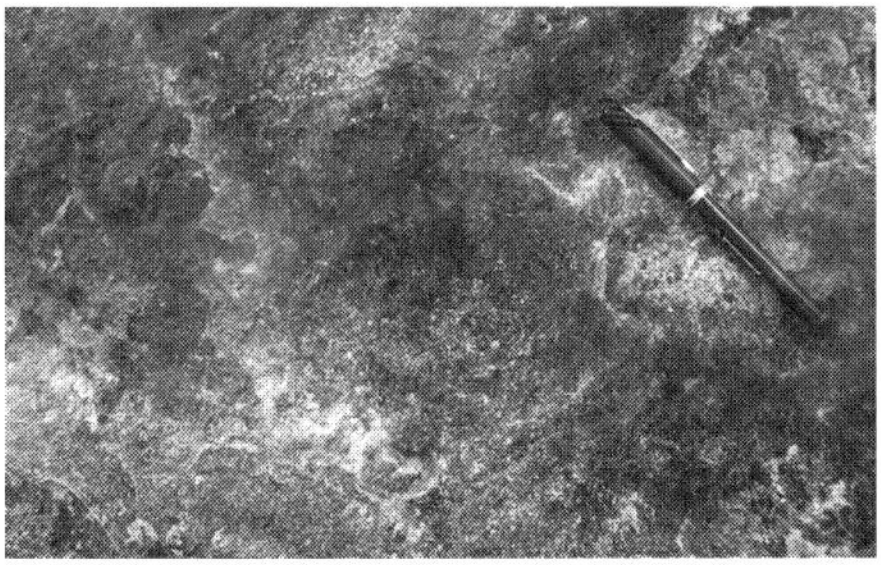

秋田県鹿角郡小坂町小坂鉱山の黒鉱　主として閃亜鉛鉱と方鉛鉱からなる。白色部は重晶石。

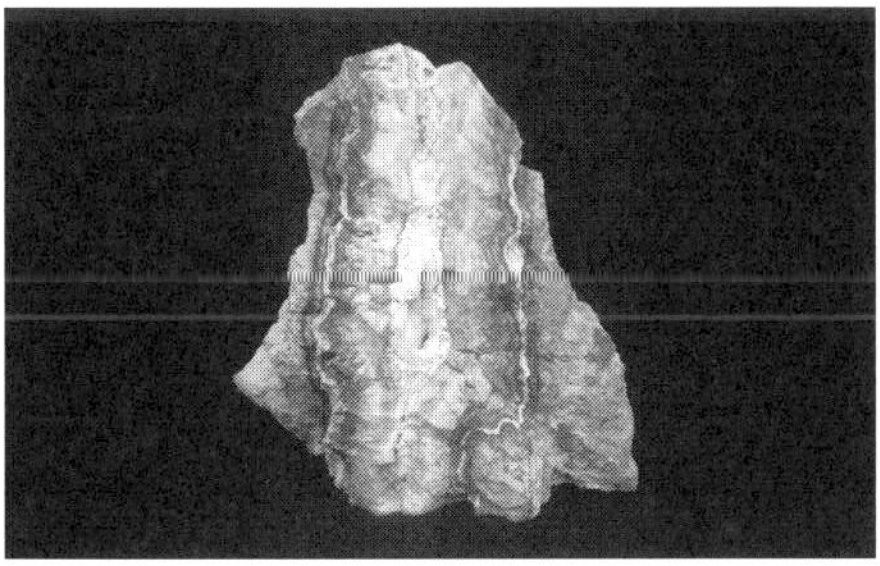

鹿児島県伊佐市菱刈鉱山の金鉱脈

どれくらい分布しているかで計算して求めます。

地殻を構成している鉱物（造岩鉱物という）は、それほど種類が多くありません。主要な造岩鉱物は長石、石英、角閃石、雲母、輝石、カンラン石の６つです。その６つの主要な造岩鉱物の骨格は、二酸化ケイ素という化合物です。造岩鉱物は2個の酸素原子と1個のケイ素原子が化合してできています。だから元素の1位は酸素、2位はケイ素で、ほぼ2対1になっているのは理屈にあっているといえるのです。元素は全部で１１８種類あるのですが、地球上での分布は、非常に偏っています。

02 地下の鉱物資源はどこでどのようにしてつくられてきたのだろうか

まずはダイアモンドと金

ダイアモンドは、主に地下３００㎞の深いマントルから、特殊なマグマが超高速で超高圧のなかをマグマの通り道を通って噴出してきたものです。このマグマの通り道を埋めている岩石の浅い所を掘っているのが、ダイアモンド鉱山ですが、ダイアがそのままの形をして転がっているわけではありません。原石はキンバーライトという火山岩の一種で、その岩石の中にあるダイアモンドの結晶体を取り出し、研磨しカットして私たちが見ているようなダイアモンドにするのです。

ダイアモンドの他に宝石類はたくさんの種類がありますが、その生成の条件はそれぞれ、みな違います。地殻の岩石を構成している鉱物は、主にどの元素で構成されているかで、さまざまです。ダイアモンドはこの点でも特殊で、炭素だけでできています。硫黄や金など、単一元素でできているものもありますが、多くはいくつかの元素を合わせもっていて、その割合はさまざまです。

数多い鉱物のなかでも、経済的価値の高い金（Au）は、原子番号が79として元素周期表に載っています。これは自然金としてそのまま岩石のなかにありますが、精錬の必要がない単体として採取することができます。岩石の中にわずかに含まれた金は、周辺の熱水に溶けて移動し、化学環境が急激に変化するところで固まっているのです。

鉱脈と鉱床

金は非常に稀にしか産出せず、その量もごくわずかですが、濃集場所の規模が大きい場合には、鉱物が岩石の割れ目などを石英とともに埋め、筋状や板状になることがあります。これが「鉱脈」で、地表や掘削断面では、帯状になって姿を現します。鉱脈がたくさん集まり、ある特定の金属や鉱物が、資源として採取し活用できるような、経済的に採掘できる程度に濃集している場所を、「鉱床」とよんでいます。「濃集」という言葉は一般にはなじみのない専門用語です。これには、単に集

神津島の黒曜石の層　鉱床といわない例。

まって固まるというだけでなく、岩石内の一部でその周辺の平均量以上の元素が集まって著しく濃縮される、という意味があります。なお、経済的に採算がとれない場合は鉱床とはいいません。

母岩と晶洞

鉱石を取り巻く周囲の岩石は、母岩《ぼがん》といいます。母岩と鉱石の間には、たとえば花岡鉱山の海底で噴出した流紋岩溶岩と黒鉱のように、成因的に密接な関係があります。ダイアモンドはキンバーライトにしか産まれません。このように特定の母岩にのみはぐくまれるものも多いようです。母岩のなかに、空洞ができることがありますが、この空洞を晶洞《しょうどう》といい、そのなかに鉱物の結晶が成長していることがよくあります。

鉱床の形成

多くの鉱物資源は、地中、地表、海底の「鉱床」から生産されます。金属鉱床・非金属鉱床には、マグマが冷えて固まるときにある特定の元素が濃集するマグマ鉱床、高温の水に溶けていた金属元素が温度の低下とともに硫黄化合物として沈殿して形成する熱水鉱床、岩石が地表で風化し、特定の元素や鉱物が濃集する風化鉱床、岩石が地表で分解し、風化に強い硬い鉱物や重い鉱物が濃集して形成する堆積鉱床があります。金属元素や鉱物もたいていが岩石が形成される過程で、岩石中に取り込まれたり、岩石中に形成されたものですが、岩石の中のある部分が、特定の条件にあったときにだけ濃集が生じ、鉱床ができるのです。

金属鉱床の多くは、熱水鉱床です。高温の熱水に塩素や硫黄が溶けていると、金属元素も熱水に溶け込みやすくなります。この熱水の温度が徐々に、または急激に低下すると、金属元素を含む硫化鉱物が沈殿し鉱床を形成します。地中で、岩の割れ目に熱水が流れているところでは、鉱脈を形成します。海底面に熱水が噴出しているところでは、熱水が海水により急冷されるため、硫化鉱物が多量に沈殿して塊状の鉱石が形成されるのです。

熱水は、陸上、海底を問わず、火山活動の活発なところで形成されます。したがって、火山のまわりには多くの熱水鉱床が形成されます。火山にともなう温泉は、熱水が地表に噴出したものです。金属鉱床は火山の多いところ、すなわち海洋プレートの沈み込む火山帯に多数形成されます。日本列島もそのひとつで、北海道や東北地方、九州など火山が多いところには、数多くの熱水鉱床が分布しています。

これとは異なったでき方をする金属鉱床に縞状鉄鉱床があります。地球上に光合成をおこなう生物が出現すると、海水中の酸素濃度が上昇します。すると海水に溶けていた鉄は酸化され水酸化第

坑道の様子

史跡尾去沢鉱山の坑内展示（秋田県）

錫鉱山の坑道　坑道に平行な鉱脈を採掘。

エルサルバドル銅鉱山の露天採掘場（チリ）

二鉄（$Fe(OH)_3$）として海底に沈殿します。こうしてできた鉄の沈殿物が縞状鉄鉱層とよばれています。縞状鉄鉱床は約35億年前から形成され始め、25億年前に形成のピークを迎えました。15億年前以降は海水中の鉄濃度が低下したため規模の大きな縞状鉄鉱床は形成されていません。

金属鉱物資源としてのレアメタル

近年注目されているレアメタルは、卑金属や貴金属を構成する金属群に含まれます。どの元素をレアメタルとよぶかといった一般的な定義はありません。工業国である日本では、希土類元素とタングステン（W）やインジウム（In）、モリブデン（Mo）、クロム（Cr）、コバルト（Co）、ニッケル（Ni）、バナジウム（V）、白金（Pt）などの元素が、経済産業省によりレアメタルに指定されています。レアメタルは、鉄や銅、アルミニウムなどの主要金属とは異なり、使用量は少ない（年間生産量が10～20万トン以下）のですが、電気伝導、熱伝導、磁性、触媒、耐食性、光学等の特性をもつため、先端工業製品には必要不可欠な金属元素です。

しかし、これらも日本ではほとんど産出されません。世界的にみても、特定の国に偏在するものが多く、特に南アフリカ共和国と中国では多くのレアメタル元素が独占的に産出し生産されています。このような資源の偏在は、大陸地殻の進化にともなった多様な岩体の形成に由来しています。

南アフリカ共和国にはブッシュフェルト複合岩体とよばれる東西３００km、南北２００kmにわたる火成岩体が分布します。この岩体は約20億年前にマントルを構成する岩石が大規模に溶融し、元素の再配分をともないながら再固結したものです。マントルに含まれていた白金（Pt）やクロム（Cr）、バナジウム（V）といったレアメタルは、この元素再配分のために厚さ数十cmの薄層に濃縮しています。これらの層は連続性がよく、各地で鉱石の採掘がおこなわれています。

中国に産出するタングステン（W）やインジウム（In）、希土類元素は、地殻の大規模な溶融によって、還元的な条件で形成された花崗岩にともなって産出します。この還元型花崗岩は、ヨーロッパ、オーストラリア東部、インドネシア北東部からロシアにかけての太平洋沿岸地域およびアラスカ、カナダ太平洋岸に分布しますが、中国南部での分布が最大で、中国をレアメタル資源の宝庫としているのです。

非金属鉱物資源

非金属鉱物資源は、生産量、価格、分布、地質、選鉱の観点から、大規模、低価格、広範囲に分布し、製品化処理が簡単なものと、小規模、高価格で、特殊な地質条件のもとに形成する、製品化処理の複雑なものに大別されます。金属として利用されるものは金属資源、鉱物や化合物の形で利用されるものが非金属資源に分類されます。チタンのように酸化物として白色顔料や塗料に用いられる一方、金属として航空宇宙関係の材料としても用いられるものがあります。このような場合、金属、非金属の明確な分類はできませんが、主要用途の形態に従って非金属資源に分類されています。

非金属資源には多くの種類があり、種類ごとに形成される場所が異なっています。石材や骨材は、母体となる岩石が広く分布しているところ、リチウム鉱物や緑柱石、長石、雲母、石英は花崗岩ペグマタイトから生産されます。石墨や滑石、大理石は変成岩から、ほう酸塩鉱物、カリウム鉱物は蒸発岩から生産されます。チタン鉱物やジルコンは海浜の砂鉄のように密度の大きな鉱物が濃集した砂から回収されています。アルミニウムの原料であるボーキサイトは岩石が地表で風化し、風化に強いアルミニウム酸化物が地表に濃集したものです。

新しい資源を求めて

日本の国土面積は37万km²で世界第62位ですが、領海や排他的経済水域を含めると447万km²で世界第9位になります。最近、日本の領海や排他的経済水域の資源探査が盛んにおこなわれるようになり、沖縄海域は海底火山周辺で、銅・鉛・亜鉛・金・銀を高濃度に含む海底熱水鉱床が発見されています。また、南鳥島周辺では、レアメタルであるコバルトやニッケルを含む「コバルトリッチクラスト」とよばれる海底の沈殿物や、海底泥中に含まれるアパタイトとよばれる生物起源の鉱物にレアアースが含まれることがわかってきました。これらの鉱物の開発技術が確立されれば、将来、我が国独自の新しい資源として利用できるかもしれません。

03 石炭と石油・天然ガスなどのエネルギー資源が支える社会と世界

黒ダイアともよばれた石炭

石炭と聞いて、何を思い浮かべるでしょうか。鉄道マニアならＳＬ（蒸気機関車）の燃料と答えるでしょうし、年配の人なら昔の学校のストーブを思い出すかもしれません。今日では、石炭そのものや、それが燃える場面を見ることは稀になっていますが、40年くらい前まで、石炭は日本国内で２０００万トン近くが採掘されていました。経済活動を支える、基軸エネルギー資源として、重要な位置を占めてきたことを忘れてはなりません。

かつては、黒ダイアともいわれ、国の産業全体を支える中心にあり、最大で年間５６００万トン以上が生産された資源が、この列島の地下に資源としてあったのです。各地で可能な限りの炭鉱が操業し、坑道は海の下まで延びて、多くの人々が各地の炭鉱で働いていました。なかでも、北海道夕張や東北常磐、九州筑豊・三池などが、大きな炭鉱地帯でした。日本の炭鉱は、近代史に影響を与える存在でもありました。それらがどんどん閉山され、今では石炭の採掘は北海道の一部で、小規模に続いているだけです。日本国内の炭鉱のほとんどが閉山されているのは、もう石炭がなくなったからではなく、輸入炭のほうが安く採掘できるという経済性による理由が大きかったからです。

石炭そのものは今でも、私たちの生活を陰ながら支えてくれています。多くは発電用の燃料として、また鉄鋼や化学といった産業の現場で主要な原料として使用されていて、石炭は日本のエネルギー需要の20％を占めているほど、立派にその役割を果たしているのです。そのため、わが国は１億８０００万トン以上の石炭を、毎年海外から買わなければならない状況です。

石炭化作用と石炭資源

石炭が地質時代に陸に繁茂していた植物遺骸に由来することは、広く知られているところです。しかし、その生成過程には、まだはっきりしない部分も多くあります。集積された植物の遺骸が、風化や微生物等の働きですべて腐ってしまっては、もう石炭にはなれません。水中のある化学的条件の整った環境で消滅をまぬがれた植物遺骸は、泥炭化作用によりまず泥炭となります。こうして泥炭として有機物を固定された植物遺骸が地中に埋没し、周辺からの砕屑物の供給と、堆積や深部化により圧縮、脱水、そして温度や圧力の上昇による化学的変化により、石炭となっていくのです。この過程を石炭化作用とよびます。石炭化作用が進行するにつれて、褐炭→亜瀝青炭→瀝青炭→無煙炭と変化し、それぞれの段階の石炭がエネルギー資源として利用されているのです。

かつて日本で石炭産業が全盛だった時代に主要な産炭地では詳細な地質調査がおこなわれ、その後の地質学の発展にも大きく寄与しました。長い年月にわたり大量に採掘されてきたにもかかわらず、近年の評価でも、２００億トン程度の埋蔵石炭が残っているといわれるので、日本にも石炭資源はまだ結構あるといえます。最近でも、石炭中のガスの利用等を視野に入れた調査が、夕張地域など北海道の夾炭層《きょうたん》を対象におこなわれています。

ただ、日本列島の複雑な生い立ちは、石炭層の状況にもはっきりと出ていて、地質的には若い時代の細かな環境変化のなかで生成されたため、国内の石炭層自体は薄く、かつ断層や褶曲といった構造運動の影響が多くあるため、利用できる資源として注目されにくくなっています。そこが、オーストラリアや北米、中国などのように、安定した大陸の古い地層にある、厚く傾斜の緩やかな石炭層とは大きく違うところです。

石油や天然ガスはどうやってできるか

石油や天然ガスは、地下に埋まっている天然の炭化水素（の混合物）です。炭化水素には、結合する炭素原子の数や分子構造の違いによって、いろいろな種類があります。石油や天然ガスは、いろいろな種類の炭化水素の混合物なので、一定の化学組成はもちません。

生物の遺骸は陸上でも海底でも、酸素が存在していれば微生物によって分解されてしまいます。たまたま堆積場に酸素がないと、分解を免れた生物遺骸由来の有機物が、偶発的に地層中に保存される場合があります。地層とともに地下に埋没した生物遺骸由来の有機物は、岩石中でケロジェンとよばれる有機物になります。こうして形成されるケロジェンに富む地層を、根源岩といいます。ケロジェンは、もとになった生物によっていくつかの種類に分類されます。

根源岩に含まれるケロジェンは、長い地質時代の間、地下の高温にさらされることにより、その一部が炭化水素に変化し始めます。根源岩が地下に埋没し、地温が約60℃を超えるとまず油が生成されます。主に油が生成される深度区間は、油生成帯といいます。さらに埋没が進んで地温が約１５０℃を超えると、油の生成が収まって今度はガスの生成が始まります。地下から取り出された炭化水素のうち、常温常圧（おおよそ私たちの生活環境）で液体のものを石油、気体のものを天然ガスとよんでいます。

石油は水より軽いので、地層中を上昇します。そして、地層が上方に曲げられた背斜構造といわれる凸部に集積します。そこで石油を探鉱するときに、この地中の背斜構造を見つけることが重要なのです。

これまでと違うタイプのエネルギー資源

最近ではシェールガス、シェールオイルが注目されています。硬い泥岩のなかの逃げ残った石油やガスを、人工的に岩石に割れ目を作って取り出すのです。地下で岩石を割る技術に加えて、井戸を水平に掘り進む最新技術を駆使することで効率をあげますが、通常の油ガス田開発よりもお金がかかります。数年前、高油価を背景に米国内でシェール開発が進んだことで、世界の原油・天然ガス需要バランスは一転しました。日本でも、秋田県内でシェールオイル開発の研究が進められていますが、北米のシェールとはタイプが異なるため、今のところ本格的な生産には技術的な課題が残っています。

海外ではオイルシェールも採掘されています。これは石油根原物質を多量に含む泥質岩で、これを掘り出して加熱したり化学的処理をして油やガスを取り出します。日本にはこれもありません。日本列島からの採油をほとんどやらなくなって、石油に関する知識も技術も伝承が難しくなってい

石油井の様子

石油試掘井の掘削現場（新潟県）

海洋掘削バージ（第五白竜号）

るのが現状ですが、エネルギーとして石油はまだまだ重要ですから、この知識と技術は伝えていかなければならないでしょう。

メタンハイドレート

近年、日本近海で賦存《ふそん》の確認された地下資源としてマスコミなどでも取り上げられているものにメタンハイドレートがあります。メタン分子が水分子の籠状格子の中に取り込まれた構造をしており、シャーベット状を呈しています。メタンハイドレートは低温高圧の環境下で固体として安定なため、永久凍土層や水深数百mの海底およびその海底面下に賦存します。しかし、現時点では、採掘法が確定せず、実用にはいたっていません。

04 不公平な地下資源の分布

地下資源は不公平なもの

地中の岩石が珍重されて採取されてきた歴史は、石器時代の黒曜石に始まります。北海道の白滝や伊豆諸島の神津島などの産地から、日本各地へかなり広範囲に行き渡っていたこともわかっています。黒曜石の場合は、貴石というよりナイフや矢尻としての生活必需品として使われました。地中から見つかるある種の岩石については、それ自体が非常な価値をもつお宝と考えられ、その獲得のために多くの人が懸命に山中を探し歩いた歴史は古代から近世まで長く続きました。

美しい宝石や役に立つ金属類にしても、石油などの資源にしても、地中のどこにでもあるというものではありません。もともと、あるところにはあるし、ないところには金輪際ない、というきわめて不公平なものです。たとえば石油の例を考えてみても明白です。油田、ガス田が形成されるためには、有機物を豊富に含む根源岩が分布していなければなりません。その根源岩は、充分に熟成したものである必要があります。熟成した根源岩から排出された石油や天然ガスは、多孔質な地層中を移動する過程で、貯留岩に集積しなければならないのです。

地下の石油・天然ガスが滞留する行き止まりの場所を、トラップ（trap）といいます。トラップは、石油、天然ガスや地層流体を含むことができる多孔質な岩石（貯留岩）と、それをおおう蓋としての役割を果たす緻密な岩石（帽岩）との組み合わせで構成されています。地質学では、地層が厚く堆積し保存される場所を堆積盆地といいます。長い地質時代にわたって存続する堆積盆地には厚い地層が堆積し、そこには根源岩に適した地層や貯留岩に適した地層も含まれるでしょう。堆積盆地は、石油、天然ガスの「ゆりかご」ということができます。しかし、石油、天然ガスの生成に適した堆積盆地は、世界中のどこにでも分布するというわけではなく、きわめて限られたところにしかありません。

埋没深度と埋没時間に大きく支配される

油やガス生成帯の深度は、その地点の地温勾配等によって異なります。このような作用を熟成、その進行の度合いを有機物熟成度といいます。熟成度は、埋没した深さに対応した地熱と、熱を被った時間に大きく支配されるといわれています。

俗に「油田」というと、地下に大きな空洞があって、その中に石油がちゃぷちゃぷと貯まっている状態を想像されがちですが、そうではありません。石油も天然ガスも、地中の砂岩や石灰岩のわずかな隙間に潜んでいるだけなのです。日本や他の一部の地域では、火山岩や火山砕屑岩、あるいは花崗岩などを貯留岩とする油田・ガス田も少ないながらあります。貯留岩の隙間は、固く緻密な岩石に発達する多数の亀裂というかたちで存在する場合もあります。

いずれにしても、かなり限られた条件でしか採取はできないのです。大量の石油や天然ガスを生成するためには、有機物を大量に含む地層が広く分布することが必要になります。北海道、秋田、山形、新潟、千葉では、石油や天然ガスが少し採掘されています。ただし、国産の原油は国内需要の約0・3％程度、天然ガスは約3％程度しかなく、必要量のほとんどは中東や東南アジア、オーストラリア等からの輸入に頼っています。世界的にみても、産油国と非産油国の色分けが、世界の経済と政治力学を差配しているのが、近・現代の際立った特色になっているともいえます。

地下資源の偏在

石油に見られるような資源の偏りは、ほかの大多数の地下資源についても、ほぼ共通していえることです。これまでみてきたように、地下資源が生成される条件や状況は、非常に微妙な地中の活動によって、左右されているのです。いずれの地下資源も、残念ながらわが国では非常に少なく、恵まれていません。銅、鉛、亜鉛、マンガンなどの一部鉱種については、わずかながら生産可能ですが、ニッケル、コバルト、ボーキサイトなどはわが国内ではまったく産出しないものです。必要な鉱物資源の多くを、ほとんど外国からの輸入に頼っているのが現状です。

このように地下資源が偏在するのは、なぜでしょうか。これまで述べてきたことをまとめると、鉱床の生成には地質時代の地質環境条件が整っていることが、まず必要です。そして、その特定の時代と環境によって、ある鉱種の特定条件が満たされる場合に、特定の地域にのみ濃集し生成される、ということになります。

自給可能な鉱物資源・石灰石

国内で唯一自給可能な資源である石灰石の用途といえば、まず大量に使われるのはセメント、製鉄用の副原料、コンクリートの骨材、といった分野になります。一般になじみのあるのはセメントと農業用の石灰かもしれません。肥料としても、動物の配合飼料に加えるカルシウム源としても使われています。さらに石灰石（$CaCO_3$）を焼いた生石灰《せいせっかい》（CaO）、それを水と反応させた消石灰《しょうせっかい》（$Ca(OH)_2$）、あるいは石灰石を細かく粉砕したタンカルは、専門家でもなかなかすぐに頭に浮かばないほど、多様な分野で使われています。紙、水処理、薬品、食パンやこんにゃくなどの食品への添加物のほか、あらゆる分野で社会に受け入れられているのです。それだけ、基本的な資源なのだといえるでしょう。

露天掘り石灰石鉱山

高知県仁淀川町《によどがわちょう》にある鳥形山鉱山の写真は、見た人を驚かせます。この鳥形山鉱山の露天採掘場は、長径３・５㎞にも及んでいます。日本でも最大級の鉱山のひとつです。採掘場で採掘された石灰石を下の須崎湾の港に運び降ろすのに、20㎞以上もトンネルを通し、そこにベルトコンベアー

日鉄鉱業株式会社 鳥形山鉱業所

高知県　鳥形山の露天石灰石鉱山（日鉄鉱業株式会社提供）

を設置しているのです。山口県の秋芳鉱山や北九州市の東谷鉱山でも大々的に露天掘りがなされ、長いベルトコンベアにより運搬されています。また、関東地方でも群馬県の叶山鉱山では約20㎞という長距離のベルトコンベアが用いられています。

海外、特にアメリカ合衆国やオーストラリア、南アフリカといった資源国では、こうした露天掘りはあたり前で、金・鉄・銅とさまざまな鉱石を対象にして操業されています。ところが、わが日本ではこうした露天採掘ができるような大規模鉱山は、石灰石鉱山だけなのです。このような採掘をするには、採掘する鉱石の上にある表土が、あまり厚くては大変です。しかも表土を除いて採掘したとき、対象とする鉱石がすぐ出てこないと、不要な石ばかりを採掘することになってしまい、経済的には見合いません。

日本でこの条件を満たす鉱物は石灰石だけなのです。ベンチカットとよばれる採掘方法をおこなう大規模な露天掘り鉱山が、主要な石灰石産地にあります。日本では1億4000万トンの石灰石が毎年採掘され、そのうち多くがこうした大きな鉱山から採掘されているのです。

北海道から九州・沖縄に至るまで鉱床が分布

山口県の秋吉台は、2億5000万年前の古生代ペルム紀の付加体、関東地方や中部地方の主な石灰岩体は、中生代ジュラ紀の付加体と考えられています。海洋島の周辺でサンゴ礁として成長したため、日本の石灰岩体は形成過程でその他の堆積物が混入することがないまま大きくなりました。その結果、品質が高く安定した鉱床となったのです。

日本には北海道から九州・沖縄に至るまで多くの石灰石の鉱床が分布しています。多くは前述したように付加体の一部分です。代表的な産地は、北上、秩父、秋吉台などで、古い時代の岩石が分布するところです。

石灰石の鉱床はどのようにしてできたか

古生層などが分布する地域では、特にめずらしいとはいえない石灰石ですが、これが海洋プレートの動きによるものだったということは、これまでもふれてきたとおりです。海洋底下には高温のマグマがわき出しているホットスポットがあり、この上を通過した海洋プレート上に海山が形成

和歌山県白崎の石灰岩層　石灰石は日本に幅広く存在する。

されます。これが日本の主な石灰石の故郷になったのです。海面まで達した海山の周辺にはサンゴ・石灰藻その他の炭酸塩の殻を持つ多様な生物が集まり、その活動の場となります。そうして形成された生物礁は石灰岩の核となり、海洋の真ん中で制約されることもなく成長していきました。海洋プレートは移動を続けるため、成長した巨大な石灰岩体は海洋プレートが大陸プレートに沈み込む場所まで運ばれ、海溝を埋めた砂や泥、海底のケイ質堆積物と共に大陸プレート側で、後に日本列島となる部分に、付加体としてくっつきました。

石灰石が、暖かい南の海で成長したのは、3億年～2億5000万年前の頃のことです。そして、順次海洋プレートによって運ばれ、大陸プレート側の「付加体」となったのです。

第6章

地震国・火山国に暮らし大地に根ざして生きる

われらの郷土日本においては脚下の大地は一方においては
深き慈愛をもってわれわれを保育する「母なる土地」であると同時に、
またしばしば刑罰の鞭をふるってわれわれのとかく
遊惰に流れやすい心を引き緊める「厳父」としての
役割をも勤めるのである。――寺田寅彦

寺田寅彦「日本人の自然観」1935年

桜島の噴煙

01 動く大地の自然災害

人の生活圏に及ぶとき、はじめて災害となる

日本で起こる大きな災害をもたらす自然現象といえば、まず地震・火山・豪雨・豪雪などということでしょうか。世界ではどうかといえば、これらのほかにも、巨大な竜巻や大規模な熱波・寒波なども大災害をもたらします。乾燥地では砂塵嵐や砂漠化などによる甚大な災害も起こります。また、氷河の崩壊が深刻な災害をもたらすことがあります。しかしこれらの災害が日本で起こることはまずありません。それは日本がユーラシア大陸と太平洋の境のプレートの沈み込み帯にある島国であり、しかも中緯度の温暖湿潤な気候のもとにあることと深い関係があります。

地震や噴火や大雨は、それが起こるだけでは災害になるとは限りません。その現象が傾斜の急な土地で起こることで、地すべりや崩壊（崩落または山崩れ）、土石流が発生します。大雨が降るとすぐに河川の水位が上昇するのも、河川が傾斜の急な土地を流れているからです。日本では火山噴火による火山灰は、地形と関係なく主に偏西風に乗って東方に広く堆積します。地面にたまった後は、斜面や川に沿ってさらに移動していきます。また、地震の揺れは、地盤の弱いところに伝わる

と大きくなります。日本は活発な地殻変動のために山地が多く、山地から平地への土砂の移動が短い時間で起こり、雨の多い気候がそれをさらに加速しています。その結果できる崩れやすい斜面と軟弱な地盤の平坦地を、地震・噴火・大雨が襲うことになります。

これだけではまだ災害になりません。このような現象が人の生活圏に及び、社会生活を脅かしたときに、はじめて災害となります。日本では、限られた平地にたくさんの人間が暮らし、農林水産業・工業や貿易も含めてあらゆる近代的な経済活動が集中しています。多くの人がどうしても急斜面のすぐ近くや、地盤の悪い低地、川沿いや海岸沿いの狭い低地や人工造成地などで日常生活をおくることになり、災害の原因となる自然現象に遭遇する機会が多くなっているのです。安定した環境が持続し、なにもしないでも長期間にわたって安全という場所はもともと限られています。それも日本の動く大地と関係があるというわけです。

まず、地震のことから考えてみましょう。普通に生活している人にとって、地震は今いる場所の地面が揺れることです。日本に長く住んでいる人ならば、震度3くらいの揺れにはそれほど驚かないでしょうが、それでも地震は滅多に起きないという感覚をもっているかもしれません。しかし、揺れを身体に感じるいわゆる有感地震は、毎日のようにどこかで報じられています。身体に揺れが感じられないような小さな地震や、大きくても遠方や地下のかなり深い場所で発生する地震まで含めると、日本列島の地下では毎日どこかでは地震が発生しています。地震の研究者が地震について考えるときは、地震が発生した原因のある地下での現象と、揺れが及んだ地表までの範囲の出来事の両方を考えます。

なぜ地面が揺れるのか

地震による地面の揺れは、地下の岩盤が破壊され、そこで振動が発生し地中を伝わって地表に達することが原因です。地下の岩盤にプレートの運動などにより力が加わると、長い期間にわたって歪《ひずみ》が蓄えられます。それが限界に達すると、数秒から数十秒という短い時間で壊れます。巨大な地震の場合は2〜3分かかることもあります。

岩盤が破壊すると地下に断層ができますが、その断層の種類により地震の性格が決まります。実際には、地震波の伝わり方と地表面の動きの観測結果から、震源となった断層の位置、破壊した面の大きさ、ずれの大きさ、ずれの向きなどがわかります。地震の原因となった断層のことを震源断層とよんでいます。

これまでの地震観測結果によれば、日本列島付近で起こる地震の発生域は、太平洋側のプレート境界である海溝から、陸側に向かって次第に深くなっています。そして日本列島の直下では、数十㎞から100㎞に至るようなところに震源が分布します。一方、内陸部や沿岸の浅い海底では、地下約20㎞までの間にも震源が分布しています。前者をプレート境界型の地震、後者を直下型地震とよんでいます。

2016年4月16日 熊本地震により堂園地区に出現した地表地震断層（小俣雅志提供）

地震断層と断層変位地形

地下の浅いところ約20～15㎞で岩盤が割れると、規模が大きいときには割れ目の上端が地表面まで達すると考えられています。だいたいの目安として、地震の規模がマグニチュード6・5以上になると、地表面で地殻変動としてはっきりと観測されるような変化が現れ、7・0以上になると、ほとんどの場合、地表面に目に見えるようなずれが現れます。これを地震断層または地表地震断層とよんでいます。

このとき、地表面で観察されるずれの位置や大きさは、地下の震源断層の広がりをほぼ反映しているのですが、地下の地盤のずれがそのまま現れるわけではありません。地表に近い部分では岩盤ではなく、やわらかい地層が分布していたり、硬さの違うさまざまな岩石が複雑に積み重なっていたりします。そのため、ずれは震源断層を地表まで延ばした位置から離れたり、枝分かれしたり、あるいは割れ目としてではなく撓《たわ》みになったりします。

縦ずれと横ずれ

地震断層が垂直方向にずれる縦ずれの場合は、割れ目を境に高低差ができ、地表に生じたずれは小さな崖や幅の狭い急斜面になります。地震断層が水平方向でずれる横ずれの場合は、割れ目を境にして、凹凸が水平方向に移動したずれとして現れます。大きな地震ではずれの大きさが約10mにおよぶこともあります。地震にともなってこのような現象が起こることは、歴史記録にも記録が残されており、世界中で発生した最近の内陸地震でもはっきりと確認されています。この地表面のずれが、何度も同じ方向に繰り返し積み重なると、小さな崖であったものが大きな崖になっていきます。横ずれの場合は、まっすぐだった尾根筋や谷筋が、地表地震断層の位置で大きく曲がってしまうこともあります。

このような断層が原因でつくられた地形を、断層変位地形といいます。断層変位地形は、日本中のあちこちで特徴的な地形の景観となっています。

注目される活断層

最近、地震発生危険度の予測との関連で、活断層が話題になっています。活断層の活とは生きているという意味で、活断層は今後も大地震をともなって動くような、生きている断層ということになります。地質学的に生きているとは、過去に起きた地質学的な自然現象が今後も同じように起こることを意味します。活断層とは、ふたたび痛む古傷ということになるでしょうか。岩石の中の古傷が痛めば、地震が起こるというわけで、地震予測と関連して注目されています。

地質学的には、およそ260万年前から現在までの第四紀に繰り返し活動した断層を活断層としていました。最近では、地震防災の対象とする分野の違いにより、数十万年前、あるいは十数万年前から活動したものを活断層とする場合もあります。

02 過去の大地震の傷跡・断層

大地震が発生する場所▼活断層

日本では、陸地での大きな揺れとそれにともなった津波が、いくつも歴史記録に残されています。近代の観測結果でも、津波をともなう大地震が沖合の海底の岩盤に震源をもつことが確認されています。そのような大地震は、海溝付近から陸側の海底で、場所を変えながら何度も発生してきたと考えられます。

陸地でも、大地震が、断層により形成された特徴的な地形・地質をもった場所付近で発生したらしい歴史記録があります。そして、最近になって、まさにそのような場所の近くで大地震が発生し、その地形・地質的な特徴が、さらに強調されたことが目撃・観測された事例があります。阪神淡路大震災を引き起こした１９９５年兵庫県南部地震や２０１６年熊本地震などが、まさしくその代表的な例です。一般的には、このようなある地形・地質の特徴により「活断層」は認識されます。したがって、活断層を調べれば、大地震が発生する場所や地震の規模、発生時期が大まかには特定できると期待されているのです。

なお、東日本大震災を引き起こした２０１１年東北地方太平洋沖地震（地震そのものの正式名称）は、海底下で新たに形成された断層により起こった地震であり、活断層による地震ではありません。活断層は、阪神・淡路大震災の報道で、その原因として一般の人にも注目されるようになりました。活断層を記載した代表的な出版物として『日本の活断層』（１９８０）があります。この本は、主に変動地形学という学問の１９７０年代までの研究成果にもとづいて書かれています。その改訂版が『新編日本の活断層』（１９９１）です。日本では、それまで地震については地震学者が、地震観測を主体にして研究を進めてきました。しかし、地形学者や地質学者が地震の研究に参加することによって、過去の大地震の傷跡が特有の地形となって地表に残されていること、また地下の地層の変形やつながりぐあいを調べれば、過去の地震の記録が読み取れるということがわかってきたのです。これは、地形学や地質学が地震学に与えた大きな成果でした。

このことから、過去の地震の起こり方の様式や発生場所を知ることによって、将来の地震予測ができるのではないかという考えが生まれました。そこで、大地震の傷跡、すなわち近くに活断層があることを示すような地形・地質的特徴について、目立つものはできるかぎり全部を示すことを意図した活断層マップとして、前段に記述した『日本の活断層』が作成されたのです。活断層マップに描かれている断層の線は、「近傍の地下深くに、繰り返し地震を発生させた震源断層があることを示唆する、地形・地質的な特徴の連なり」ということになります。その特徴は、地表にあることもあれば、地下に隠れていてその場所に行っても見えないというものもあります。

活断層を確認する

活断層の調査は、過去の活動様式をもとに将来の活動を予測するという考え方にもとづいておこないます。そこで過去の断層活動の様式を、歴史記録や地表面と地下の浅い部分の地層に残された過去の地震の証拠を使って確認したり、現在観測されている大小の地震の発生状況を参考にするといった調査をしています。

地震が、地下の岩盤の破壊によって生じることは前に述べました。地表で地震観測をおこなえば、岩盤が破壊した信号を捉えることができます。しかし現在の調査手段では、地下の岩盤が破壊する前にその前兆を捕らえ、破壊に至る様子をその場で直接観察することはできません。最近では、微少な地震観測などだけでなく、毎日・毎時間、地表面で地殻変動を観測して、地下の岩盤の歪のたまり具合を推定しようという試みがあります。しかし、ある場所でどんな時に大地震発生に至るのかを高い精度で知ることはまだ困難です。

そこで、現状でできる方法、すなわち地表の断層変位地形を見つけたり、トレンチ調査や物理探査などでわかる表層の地質情報を読み取ったりして、地下の岩盤がずれた証拠をみつけ、「将来地震を引き起こす可能性のある断層」として活断層が認定されているのです。言い換えると、現実的に調査できないようなものについては活断層の対象にはなっていません。

なぜ活断層が問題になるのか

活断層マップが作成された頃、地震の発生パターンについては、「固有地震説」という考え方が広まっていました。これは、内陸の大地震はほぼ同じ場所で発生し、それぞれ固有の規模と発生間隔をもち、その結果、ある場所に特有の地形・地質の特徴が現れる、という考え方です。地形・地質を調べて、何千年間、何万年間の地震発生のパターンを解き明かせば、大地震の発生場所、発生規模と発生時期が、おおまかには予測ができるのではないかと期待されたのです。

そこで、トレンチ調査という、地面に大きな溝を掘って地層の重なりや広がり具合を直接調べる手法が導入されました。そして、活断層マップに断層の記号が描かれているような場所で、詳しいトレンチ調査を進めた結果、地中から地震の痕跡が次々と見つかるようになったのです。そうしたことから、「内陸の大地震は、みな活断層に記録されている。だから大地震の発生する場所はここだとわかるはずだ」という期待が高まりました。しかし、活断層と地震については、まだわからないこともたくさんあります。活断層を調べる調査手法もまだ不充分です。地震が本当に同じ場所で繰り返し発生するのか、発生するとしたら同じような規模をもつのか、同じような間隔で発生するのか、これらについては確実な知識が得られたわけではありません。

それでも、これまでの地震研究を通じて、活断層で地表面がずれるときにはどんなずれ方をするのか、どんなことが起きるのかについて、かなりいろいろなことがわかってきました。それらは地震災害を軽減するのに役に立つはずです。活断層を確認する具体的な方法については、今後の科学技術の進歩によって、より直接的に地震発生の兆候をつかめるような方法も開発されていくでしょう。

活断層マップはどのように使われてきたか

『日本の活断層』の活断層マップには、それぞれの活断層が主に線状に描かれ、これまで起きた大地震の震源の真上の位置（震央）も記号で示されています。各地の活断層は、国立研究開発法人産業技術総合研究所のホームページにある「活断層データベース」で見ることができます。

１９９５年の阪神・淡路大震災以前、活断層マップは地震が起こったときに危険な場所はどこかを示すのではなく、地震から安全な場所はどこかを探すために使われることが多かったのです。たとえば、原子力発電所や大きなダムなどの、重要な施設を建設する際に、直下に活断層がない場所を選んだり、活断層から充分な距離を離すようにするといったことです。

その一方で、活断層の近くではどんなことが起こるのか、ということはあまり考えられてきませんでした。地震による強い揺れと、地盤がずれることによって建物などが壊れることは予想できましたが、実際にずれがどのように出現するのか、また、ずれの近くの地盤の揺れ方が、地下の地質によってどのように違うか、建物はどのように壊れるのかについては、あまり詳しい情報がなかったのです。

これまで活断層マップを作成するときには、地震によって地盤のずれが生じると考えられる位置を、できるだけ正確に表すことに注意を払ってきました。その努力は今後も続けられるでしょう。しかし、熊本地震の例でも明らかなように、段差や亀裂が生じたのは、マップに描かれていた断層線の位置とは住宅一軒の敷地分以上離れていた場所も多かったのです。描かれた断層の線のなかには、地下の岩盤のずれがそのまま現れていて、今後もきっちり同じ位置にずれが生じるような場所もあれば、それが曖昧な場所もあるのです。

東日本大震災（２０１１年東北地方太平洋沖地震）と巨大地震への対応

２０１１年3月11日に東北日本で発生した巨大地震は、津波により多くの犠牲者が出て、さらに引き続いて起こった福島第一原発の事故によるおそるべき被害も加わり、甚大な被害をもたらしました。日本列島がプレートの沈み込み帯にあるための宿命であったと、後からはいえるのかもしれません。しかし、それが何故予知できなかったのか、なんらかの事前の対応ができなかったのかという点でも専門家や行政関係者の間に大きな衝撃が走りました。地震の予知については、その可能性について賛否があります。日本列島に住んでいる限り、このような地震を避けることはできません。とすれば、巨大地震が起こることを想定し、それに対する対応(減災)策は考えておく必要があったとの指摘もあります。今後とも日本列島では、3・11のような巨大地震が発生する可能性があるという前提で、さまざまな対策が練られるべきでしょう。

2011年東北地方太平洋地震はきわめて稀なもので、「未曾有の」大地震と当初は盛んにいわれました。しかし、過去にさかのぼってみると、マグニチュード9クラスの巨大地震は、環太平洋のプレート沈み込み帯では、何度も発生していることも事実なのです。1952年のカムチャッカの地震以降でも、スマトラ島沖の地震も含めると7回も起こっています。プレートの沈み込み帯の上に暮らしている以上、東日本大震災同様の地震が再び襲ってくることは、当然想定しておくべきことなのです。

03 地震予知の可能性と防災・減災

地震発生が前もってわかったらどうなるか

もしも大地震が起きる時と場所が前もって確実にわかるのならば、私たちはどうするのでしょうか？　これは、全国的にはあまり真剣に考えられたことはないでしょう。唯一例外として、駿河湾周辺で発生すると考えられた東海地震があります。東海地震は、綿密な観測態勢によって予知することができるとされ、地震の前兆を察知したらさまざまな対策がとられるという法律までできました。

地震発生が予知されると、しばらくの間、周辺地域の社会経済活動はストップし、１００万人を超えるような大勢の人々が一斉にどこかに避難をして、大地震発生をじっと待つことになります。家屋を補強したり、そのほかの自分の財産を避難させたりする余裕はほとんどないでしょう。大地震が発生した後なら、余震がだんだん収まっていけば、生活を元どおりにするための活動ができます。しかし、地震発生の前には、それがいつきていつまで避難していればよいかはわかりません。

そのような大地震の兆候は、これまで捉えられたことはなく、事前準備の号令が発せられたこともありません。また、大規模避難がどのように実行されるのか、現実のこととして想像はしがたいものがあります。このような地震予知は現時点ではとても困難という見解を示す専門家もいます。

強い揺れに備える努力

地震予知はできないとしても、地震が発生したことを地震波が到達する前に知らせ、強い揺れに備えようということはおこなわれています。携帯電話やテレビ、ラジオなどで通報される緊急地震速報がそれです。また、JR新幹線でも地震波の到達前に、近くを走る列車をできるだけ減速させる自動的な仕組みが取り入れられています。しかし、内陸の大地震の場合には、震源からの距離が近く、実際の揺れが大きい地点ほど、通報はほとんど間に合わず、いきなり強い揺れに襲われることになるでしょう。地震に弱い場所はなるべく利用しない、建物の耐震性を高めるなどの事前の対策が重要になります。またそれぞれの個人にとっては、普段から、寝ている間に重いものがいきなり倒れてこないようにしておくだけでも、かなりの減災効果があります。

わが国では、都道府県や市町村ごとに防災計画をつくって、災害に備えることになっています。災害にもいろいろあるので、風水害や地震、火山噴火などそれぞれの災害の特徴に応じて計画がつくられます。最近では南海トラフの活動によって発生する大津波の予測が発表され、高知県の自治体の一部では、真剣に対応が検討されています。これらの防災計画は、普段からの予防対策、災害が発生したときの応急対策、そして被害の復旧がセットになっています。現状復旧が基本ですが、最近ではこれまでの大規模な災害の経験を踏まえて、現状復旧を越えた復興計画まで書き込まれることもあります。また個々の自治体だけで対応できないことも、地域間の協力や支援、ボランティアの受け入れなどによって解決していこうという姿勢も、全国的に広まっています。

防災は、「ふだんの観察」が「もしもの備え」

あなたが今いるのはどんな場所ですか？　そこにはどんな地形の凹凸がありますか？　今いる場所の標高はどのくらいですか？　そこからは何が見えますか？　海や川や山はどちらの方角にありますか？　その場所の過去の情景が想像できますか？　普段生活している場所のまわりを散歩していて、地形の凹凸や崖、川や水路の流れを眺めたりすること、開発される前の自然の姿や街並みの歴史的変遷などを調べたりすることも、防災には役立つことでしょう。

ほとんど平らに見える低地や台地の上ですらも、実際にはかなり凹凸があることが多いものです。それら凹凸には自然の働きによってできたものもあり、人工的につくられたものもあります。ある場所で起こりうる災害現象の種類と規模は、ほぼわかりますが、その場所ではまず起こらないであろう災害現象の種類もほぼわかります。最近はどこの市町村でもつくっているハザードマップと街の歴史や地形の凹凸のわかるマップを持って、自宅や職場の周辺を散歩するのも、日頃の災害への備えともなるかもしれません。

04 火山噴火による災害

火山災害を減らすことはできるか

今私たちが火山災害と聞いてすぐに思い出すのは、２０１４年9月の長野・岐阜県境の御嶽山の噴火でしょう。山頂の火口の近くにいた登山者のうち63人が犠牲になりました。でもその他の火山噴火による犠牲者の話は最近あまり聞きません。日本では、火山噴火による犠牲者はどれくらいになるのでしょうか。最近の50年間では年平均2人です。このほかに火山ガスによる犠牲者が年平均１人です。火山災害による犠牲者数は、合計年間３人ということになります。この数を多いと思うか少ないと思うかは、人によって違うでしょう。ただし、ここには統計のごまかしもあります。最近の50年間だと右のような数字なのですが、時間をもっと長くとると、その数字は何十倍何百倍にもなります。めったに起こらない、超巨大噴火が含まれることになるからです。私たち、現在の日本人は火山災害の歴史のなかでは、たまたま平和な時代に暮らしているといえます。

火山による災害では、人命だけが問題とは限りません。２０１５年の神奈川県の箱根大涌谷の噴火騒動では、観光客数が減ったために地元を中心に関係業界が大きな打撃を受けました。２０００

年から続いた伊豆七島の三宅島火山の活動では、火山ガスが長期にわたって噴出し続けたために、住民が約5年間も島に戻れませんでした。１９９０～１９９５年の長崎県雲仙火山の活動による被害額は、１０００億円のオーダーでした。復旧復興工事にも、同じ程度の金額がかかりました。富士山で予想される大きな噴火による被害額は、1兆円とも2兆5０００億円とも想定されています。できることなら、火山災害をなんとか減らしたいと願うのは当然のことです。

111もある活火山

いつどこで、どんな規模のどんなタイプの噴火が起きるのかが事前にわかれば助かりますが、その前に、その山が火山であるかどうか判断できるかが問題です。それには地質学の情報が必要です。

まずその山は噴火してできたのか、できたのはいつなのかなどを調べます。経験的に第四紀、最近の約２６０万年間に噴火してできた山は、火山として形を保っていることが多いので、それらを火山とよびます。日本には４００から５００の火山があります。その数は地質調査が進むにしたがって変わります。新たな調査結果が加わることによって、増える場合もあり減ることもあります。

そのなかでも、最近の1万年間に噴火したことのある火山や噴気活動の活発な火山は、また噴火する可能性が高いと判断して、それらを活火山とよびます。現在１１１あると気象庁は発表しています。活火山以外の火山は「活火山でない火山」という名前でよばれます。休火山と死火山という分類は、火山の状況をよく表す言葉ですが、特に休火山の定義があいまいだという意見があり、使うことが奨励されなくなりました。

噴火予知

日本で、溶岩噴出の直前予知に初めて成功したのは、１９９1年5月の長崎県雲仙普賢岳の噴火でした。この1週間前から火口直下の地震活動と山体変動が急に活発になり、噴出3日前に「溶岩の噴出もありうる」との発表がされたのです。２０００年3月の北海道有珠山の噴火でも、やはり地震と山の形の変化の観測結果から噴火予知に成功しています。住民は事前に避難し、犠牲者は出ませんでした。

一方、予知できなかった例もたくさんあります。多くの犠牲者が出た２０１4年の御嶽山の噴火だけでなく、２０１１年の霧島新燃岳の噴火も予知できず、周辺の住民は大慌てをしました。また逆に、噴火するかもしれないとの情報が出され、付近の道路や登山道への立ち入りが規制されるなどの措置がとられたにもかかわらず、噴火しなかった例も多数あります。

噴火予知に使われた手法は、地震観測と山の形の変化の観測です。これは短期的な予知に役立ちますが、長期的な予知については、地質学が活躍します。物理的観測手法が適用できなかった過去の噴火活動については、噴出物の調査、つまり地質調査のみが対応できる手段です。いつ頃、どこで、どんな規模のどんなタイプの噴火が起きたかを調べることによって、将来の活動をある程度は推測することができます。

活火山の分布

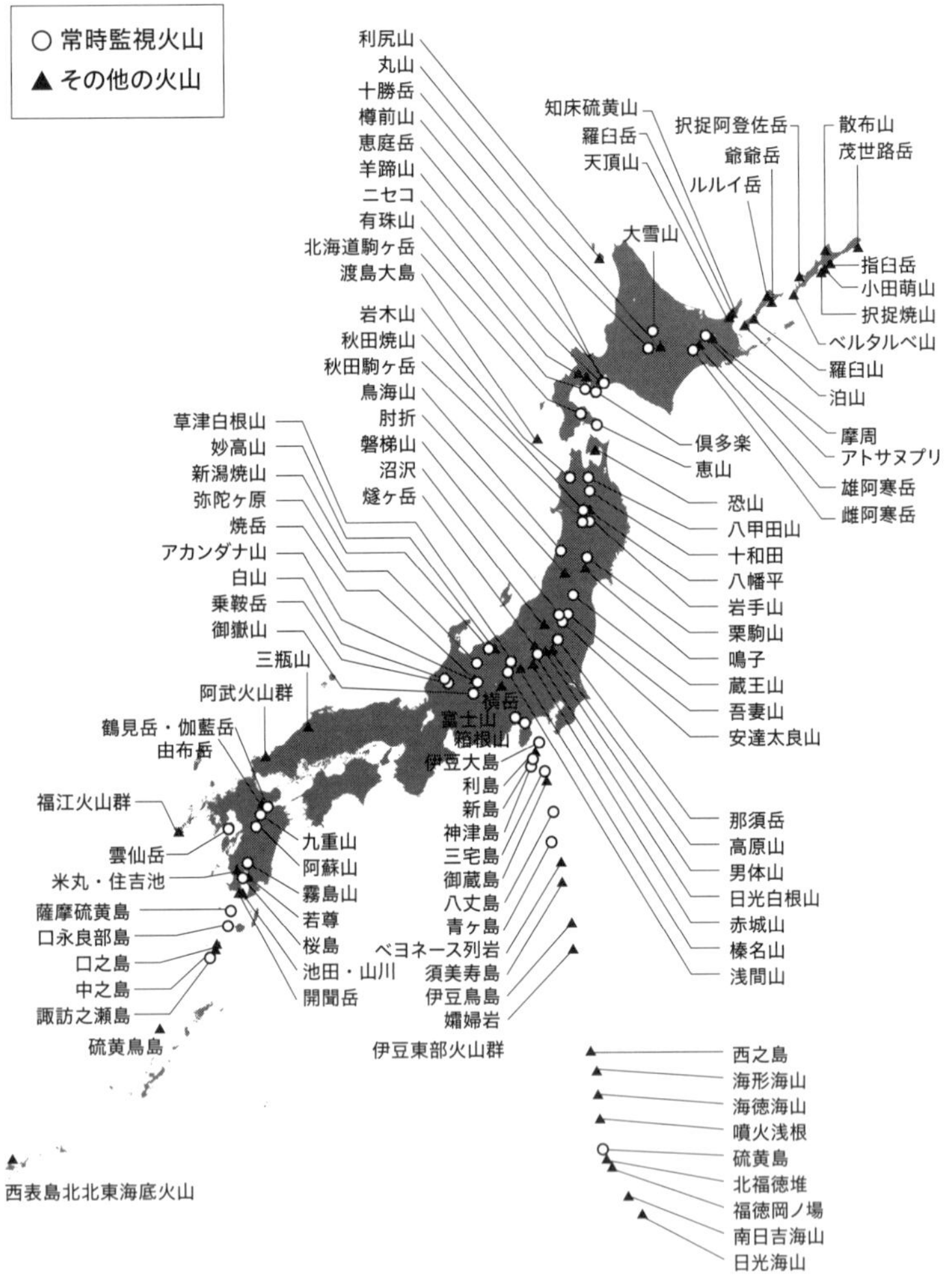

（気象庁「日本の活火山分布図」より作成）

ごく最近でもないがそれほど昔でもない時代の噴火の歴史から、中期的な予測ができる場合もあります。北海道の有珠火山や三宅島火山では、20～30年程度の周期で噴火活動を繰り返してきたことがわかっていました。三宅島の１９８３年噴火前には、前の噴火から20年もたつということから村では避難の訓練をしました。この訓練では本番に向けて改良すべき点なども見つかり大いに役立ち、実際に起きた噴火はきわめて危険な状況だったにもかかわらず、避難はスムーズにおこなわれ、犠牲者は出ませんでした。

実は、この噴火１か月前には大学などの観測班が調査し、噴火の兆候は認められないとの発表をおこなっていたのです。このような場合、直前の予知より中期的な村の噴火予測のほうが当たり、備えもある程度役に立ったわけです。こういう場合に、活躍するのは郷土の歴史研究家です。ただし、この中期的噴火予知ができる火山は限られているのです。今、最も注目されている火山のひとつである富士山について、過去の噴火の年代資料から次の噴火の時期を予測している研究者はいません。噴火間隔の規則性が、ほとんどないためにできないのです。

直前の噴火予知に役立つのは、地震と山の形の変化の観測です。しかし、これはいつも予知できるとは限りません。正確な場所、時間、規模、タイプを予知することはとてもむずかしいのです。ある火山のどこかで、近いうちに何か活動が起きそうであることを予知する程度のことなら、できる場合があるということです。

いったん噴火活動が始まった後に、活動はこれから激しくなるのか収まる方向に向かうのか、いつまで続くのかわかれば、事態に対応しなければならない多くの人、関係者も助かります。けれども、この「噴火活動の推移の予測」については、有珠火山でも三宅島火山でも失敗した例ならありますが、成功した例は残念ながらないのです。

活動の推移が予測できない理由は、地下のマグマがあとどれくらい残っているのか、どうやって出てくるのかわからないからです。そもそもマグマがどこにあるのかすらも、ちゃんとわかってはいないのです。噴出物の岩石学的研究から、噴火のメカニズムを推定する試みはどんどん進んでいますが、実際に災害軽減に役立った例はまだ知られていません。これからの大きな課題です。

過去の噴火例から類推する

噴火活動の推移の予測はたいへんむずかしいので、現在は噴火が始まってしまったら、その後どうなる可能性があるのかを、過去の噴火例からあらかじめ類推しておく方法がとられています。たとえば水蒸気爆発が起きたら次にマグマ噴火に至るのかそのまま終わるのかを、過去の事例数から推測するというものです。

この判断をする場合、その火山の噴火事例数だけでは充分でないことが多いので、他の火山の例も集めて作業をおこなうことになります。よく水蒸気爆発が起きると「マグマ噴火になる可能性があるので注意が必要」などと専門家が発言することもあります。わが国では水蒸気噴火の事例数・３３５のうちマグマ噴火に至った事例数は４件、約１％です。注意が必要と発言する場合は、過去の事例では約1％の確率であったことも明言すべきでしょう。情報を受け取る側も、それを頭に入れて受け取ることです。

現段階では、噴火活動の推移の予測を、的確におこなえる可能性はあまりありません。もし噴火開始後、どのように推移する可能性があるのかを火山研究者が示したら、防災関係者や住民はそのことを理解して自分で判断するときの材料にするのがよいでしょう。

どこでどんな火山災害に会うか

たとえば今、東京で、実際に火山災害にあったことがある人を探し出すのはたいへんでしょう。自宅で火山災害にあうことなど、ほとんどの人にとって生まれてこのかた一度もないでしょう。噴火した火山の近くに住んでいない限り、溶岩や火山弾などによる火山災害にあう日本人はほとんどいません。

火山のそばでなくても、遭遇する可能性のある火山災害として、降下火山灰によるものがあります。過去10万年間では、東京都心には火山灰が合計約8メートル降り積もりました。それらには富士、箱根、浅間などの近隣の火山からだけでなく、遠く九州の火山からのものも含まれていました。同じ期間の日本の平均は約3メートルですから、東京は多いほうです。

災害を考えるうえでは、自分の住んでいるところにいつ、どれくらい火山灰が降ってくるかが問題で、どこの火山からであるかは問題でありません。これまでの火山の地質の研究は、ある特定の火山がどのように噴火してできたかを調べるものでした。これからは各個人や社会が火山噴火によってどのような災害にあう可能性があるかということも検討されるでしょう。

各地方自治体がつくる火山災害予測図

火山の周辺に限ると、それは災害予測図の作成という形で実現しています。日本では火山災害予測図は、各地方自治体がつくります。しかし、以下の事例にあるように、自分の身に関わる火山噴火災害予測については、何でもかんでも役所が教えてくれると考えないのもひとつのいき方です。ある特定の火山について、過去の噴出物の種類や分布を調査し、将来発生する可能性のある噴火による災害がおよぶ範囲を想定したのが、予測図面です。ただし、過去の事例を調べただけで将来起こりうる現象を、確定的に予測できるわけではありません。作業の過程では、さまざまな仮定をします。その仮定が間違っていれば、どうなるでしょうか。

有珠火山では２０００年噴火の前に、災害予測図ができていました。ところがこのときの噴火は、この予測図で想定されていた火口ができると推定した範囲の外側である、西麓で起きたのです。最近の噴火は、火山の山頂、北麓および東麓のみで起きていたために、西麓での噴火の可能性が過小評価されていたのです。最近の噴火の情報に、引きずられてしまった例です。また、何千年あるいは何万年に1回程度しか起きなかったような、大規模な噴火や山体崩壊については、むしろ最初から想定しない例が多いのです。

火山の恩恵

火山の恩恵としては、よく地熱発電とマグマ由来と考えられる金などの金属鉱床生成があげられます。わが国でのそれぞれの生産額は年間一千億円以下でしかなく、それに比べて火山に関わる観光業は、それらよりはるかに大きい産業となっています。

日本の産業の統計上の分類に、観光という項目はありません。したがって類推するほかないのですが、火山に関わる観光産業の消費額は年間約3～8兆円くらいです。大部分は広義の火山活動によってできた温泉を利用する観光客の消費額です。これは何百年に1回かの割合で起こるか起こらないかという富士山の最大級の火山災害による想定被害額を毎年上回っていることになります。経済的には、火山に関わる観光産業の利益の方が火山噴火による被害額よりはるかに大きいのです。

前記の額に幅があるのは全観光客に占める温泉客の割合と温泉生成に対して広義の火山活動が及ぼしている割合の見積もりが難しいからです。

温泉の新発見や適正な利用

温泉地質学という分野名があるくらい、温泉の新発見や適正な利用には地質学のさまざまな手法が用いられてきました。それらの研究の結果、火山に関わる温泉は、地下深所にあるマグマあるいは高温の岩体の熱が伝導や対流により浅所に伝わり、そこに地表から浸透した雨水が循環し上昇し

箱根大涌谷

てできると考えられます。そうしてできた温泉水を、自然湧出で、あるいは人工的に取り出して利用しています。

エコツーリズムやジオパークも……

一方、火山観光というキーワードで電子情報による検索をすると、日本語での照会にもかかわらず、検出された項目のうちハワイが多くを占め、他の火山はわずかです。ハワイのキラウエア火山に関する情報は、客を直接火山観光に誘う宣伝広告であるのに対し、日本の火山の多くは、火山観光に取り組もうとする役所の報告が主です。日本はこの分野では、かなり遅れています。

もちろんわが国でも、近年火山観光に関する動きは増えてきました。特に自然観光資源と触れ合い、これに関する知識および理解を深めるための活動、２００８年のエコツーリズムを推進する法律の施行と、ジオパークの設立は、追い風になっています。かつての火山の案内は、役所や研究者により無料で時おりおこなわれていたにすぎませんでしたが、最近では民間活力導入の方針により、有料でおこなう観光案内団体の設立が奨励されています。

日本で年間観光客数が１０００万人を超える火山は、浅間、富士、箱根、阿蘇の４つです。そのほかに39火山が１００万人以上となっていますが、それらはいずれも噴火災害が起きる可能性の高い火山です。観光客が多いのは、そこの風景が美しく温泉も多いからでしょう。火山の恩恵と災害とを、どう折り合いをつけていくか、そこには、火山研究を通した人間の知恵が必要です。

05 山崩れや地すべりとどのようにつきあうか

土砂災害の種類

日本の国土の約7割は、山地からなっています。平野にある都市でも、少し郊外に行けば山の斜面にまで住宅街が広がっています。「私は都市に暮らしているので、土砂災害は関係ない」というわけにはいきません。日本は毎年のように梅雨や台風による大雨が降り、日本海側には大雪が降り、しばしば大地震に襲われ、これらが土砂災害のきっかけとなっています。山地の斜面では、豪雨や強い地震が起こると、山崩れや地すべり、土石流が発生し、流れ下った土砂が山麓の住宅街を襲うことになります。

山の斜面が大雨や地震で崩れて、土砂が高速で下流へ崩れ落ちる現象が「山崩れ」です。崖崩れとよばれることもありますが、「崖」で想像するような急斜面だけで崩れるとは限りません。一方、山の斜面が大規模に、しかしゆっくりと斜面の下方に移動する現象が「地すべり」です。地すべりの移動速度は一般にゆっくりで、1日に数㎝以下とわずかであることもあります。しかし、地すべり移動は数か月以上の長期間にわたり、かつ大規模であることが多く、集落全体を巻き込むような規模の地すべりもしばしば起こります。渓流に沿って、多量の土砂、流木が水にまじって、高速で流れ下ってくる現象が「土石流」です。土石流は山崩れをきっかけとして発生することが多く、自動車並みのスピードをもち、しかも数㎞もの長距離を流れ下ってくることがあり、非常に危険です。

土砂災害▼土石流と地すべり

このような土砂災害が起こりやすい場所はどこでしょうか。山崩れは、傾斜30度を超えるような斜面では、どこでも起こりえます。一方、風化した花崗岩や凝灰岩、あるいは鹿児島のシラスのような火砕流堆積物の分布域では、狭い範囲内に多数の山崩れが群発することが知られています。崩れた土砂は渓流内に流れ込み、渓流水と混ざると土石流に変化して、さらに下流まで流れてくることがあります。

地すべりは、発生しやすい場所がかなり特定されていて、新第三紀に堆積した比較的柔らかい堆積岩や凝灰岩、あるいはより古い時代の結晶片岩が分布する山地で多発します。新第三紀の地層が広く分布する新潟県などには、多数の地すべりが分布しています。特に雪解けの時期に動き出すことが多くあります。結晶片岩は、硬い岩石なのですが、層面片理とよばれる面状の構造が発達していて、これに沿って地すべりが起こりやすいことが知られています。特に四国山地などに分布する三波川変成岩地帯では、多数の地すべりが起こってきました。このほか、火山地域では、大地震時に多くの地すべりが発生することも知られています。２０１６年に発生した熊本地震では、阿蘇火山のあちこちで地すべりが発生し、別荘を押しつぶしたり、橋が落ちたりといった甚大な被害がもたらされました。

過去に地すべりが発生した場所は「地すべり地形」とよばれ、独立行政法人防災科学技術研究所のホームページに、その調査結果が公表されています。ただし、これらの地すべり地形の大半は、現在は安定していて動いていません。地すべり地形は、急峻な山地のなかで適度な緩斜面をつくりますし、湧水が得られるなど、人間の生活の場を提供する側面ももちます。日本人は古くから、時には荒ぶる地すべり地形とうまくつきあい、棚田や集落として地すべりによる緩斜面を利用してきました。

災害をもたらす山崩れ・地すべり・土石流は、日本という山がちの国土で起こる自然現象であり、それを完全になくすことはできません。このことを知ったうえで、私たちは土砂災害から身を守り、対応することが必要です。

広島の土石流扇状地と宮島紅葉谷公園

広島市郊外の団地の背後に分布する花崗岩の山地では、２０１４年8月の豪雨により、多数の山崩れが発生し、崩れた土砂は土石流として住宅街に流れ込み、70名を超える犠牲者を出しました。太田川という川の河口に広がる広島市では、川沿いの低い平地だけでは狭すぎるため、郊外の丘

広島の土石流災害

広島市安佐南区八木地区の土石流扇状地にひろがる住宅街の被害（2015 年 4 月）

陵や山地を切り開き、住宅地が拡大していきました。土石流による被害を受けた地域は、山麓に広がる土石流扇状地に住宅地が広がっていました。このような土地では、以前から土石流が何百年かの間隔をおいて繰り返し発生し、堆積した土砂が扇型をなす扇状地の地形を形成していたのです。広島県も土石流危険渓流として指定していましたが、多くの住民はそれを知らず、気にすることもありませんでした。

また、過去数十年間、その地域で土砂災害が発生しておらず、それより古い土砂災害の記憶や伝承が、住民たちに充分知られていなかったことも、住民の防災意識が低かった理由のひとつといえそうです。被災した広島市安佐南区の八木地区は、古くは「八木蛇落地悪谷《やぎじゃらくじあしだに》」とよばれていたそうです。このことでわかるように、八木地区の背後にある阿武山《あぶさん》の大蛇伝承は、古い時代に起こった土石流災害の貴重な伝承だったのです。

地元に住むお年寄りですら、実際に土砂災害に被災するまでは、「私はここに生まれ育って80年経つが、一度も裏山が崩れたことはなかった。まさか山が崩れるとは思ってもいなかった」と語っていたのです。土砂災害は、人間の一生よりも長い、地質学的な時間の中で繰り返してきたので、個人の体験のみで土砂災害の有無は判断できないのです。

広島では１９９９年にも、やはり郊外の団地が土石流で被災していますし、原爆投下から1か月後の広島を襲った１９４５年9月の枕崎台風による豪雨では、広島県内で１０００名を超える犠牲者を出す大惨事となったことは、忘れてはならないことです。

このとき、後に世界遺産となる厳島神社のある宮島にも、深刻な被害をもたらしました。その災害からの復興を進めるにあたって、「神の島」である宮島の景観を守るため、あえてコンクリートの砂防えん堤をつくらず、流れてきた土石流の岩をそのまま使って、庭園と池をつくるという「庭園砂防」がおこなわれています。それが宮島紅葉谷公園です。そこが砂防施設とは誰も気がつかない美しい景観のなかを歩きながら、土砂災害とどのようにつきあっていけばいいのか、考えてみたいものです。

砂防堰堤《えんてい》は、効果的な土木構造物なのですが、渓流をせき止めてしまうことによる景観の悪化や、生物環境への悪影響もおよぼすことがあります。原爆投下と敗戦の直後という、史上まれに見る困難な時期に、あえて景観を最優先にした砂防施設を計画し建設した先人の功績は、もっと知られてよいでしょう。

斜面とほどよい距離を置いて、自然地形のなかで暮らすという、地質学の知恵を活かしたまちづくりは、これからは日本の各地においても検討が必要になってくることでしょう。

第7章

日本各地の地層・岩石の特徴と地形風景の見方・楽しみ方

内の楽《たのしみ》を以て本とし、耳目を以て外の楽を得る媒《なかだち》として
その欲になやまされず。
天地万物の景色のうるはしきを感ずればそのたのしみ限《かぎり》なし。
——貝原益軒

志賀重昻（著）近藤信行（校訂）『日本風景論』岩波文庫1995年

有珠山ロープウェイ山頂駅付近からみた昭和新山

01 日本の地形風景をもっと深く楽しむために

風景の美しさにも地質が関係

日本列島は、弧状列島であり変動帯にあるがゆえに、大地の隆起と侵食、運搬、堆積の作用が働き、狭い国土ながらさまざまな岩石や地層が見られます。その形成の経緯からいろいろな変化に富んだ地形がつくり出され、美しい景観を生み出しています。地域によって、地表に現れている岩石や地層の異なった、変化に富んだ風景を見せてくれています。

見慣れた景色、初めて見た景色、一度は訪れてみたいと憧れる場所もあるでしょう。そんな日本の各地も、地質的な視点から眺め直してみると、ひと味違った風景に見えてくるかも知れません。

日本の地質は複雑

大きな変動が何度も加わり、いろいろな成因と歴史をもつ岩石や地層が、複雑に寄り集まった結果、複雑な地質になっているのが日本列島です。北米大陸のグランドキャニオンのように、見渡す限り同じ地層がほぼ水平にどこまでも広がっているといった風景は、わが日本ではあまり見ることができません。鳥取砂丘へ行けば、広範囲に同じような砂が広がっていますし、秋吉台のカルスト台地は広いのですが、それだって大陸にくらべればいたって小規模です。日本の地質はかなりこま切れに分かれていて、地形も起伏が激しくなっています。そして、いろいろな形成の由来をもった地質や地形が、箱庭のようにコンパクトに詰め込まれて、日本独特の美しい自然の風景をつくり出しています。

火山国のわが国では、その主要なところは国立公園や国定公園になっています。温泉が人気の観光地も、全国にたくさん分布しています。物見遊山の気軽な旅もいいのですが、そこに美しい風景、めずらしい景色と、その成り立ちやいわれを知ることが加われば、おもしろいこと楽しいことはもっと増えるはずです。あちこちで風景や地形や岩石からたくさんの新しい発見があると、楽しさも倍増するというものです。

日本列島とはどんなところだろう

まず日本列島の地理的地形的な俯瞰を、念頭においてみてください。日本は細く南北に延びる狭い国土ですが、高く連なる山脈や平野など起伏も多く、変化に富んだ地形をしています。そしてそのほとんどが、山地からなっています。平野はごくわずかで、巨大な山脈が長々と日本海と太平洋の間からその頭を出している、といってもよいでしょう。この形も、日本列島形成の秘密に関わっています。島からなる国土の総面積の3分の2が山地と丘陵地で、急峻な傾斜地が多く、平野や台地、盆地などを含めた、平らな地形が少ないのが特徴です。

明治政府に招聘されて、初めて日本にやってきたオランダ人土木技師のデレーケ（１８４２-１９１３）は、ヨーロッパの川が平地を揚々と流れているのに比べると、日本の川は滝のようなものだと言いました。日本人が当たり前だと思っていても、言われてみると確かに日本の川の勾配が急なことは、世界的にみても特徴的なことだったのです。このため、山に降る雨は、急流となって山を削り、土砂を運ぶとともに、比較的短期間に海に流れ出してしまいます。

山また山

日本列島には、標高１０００mを越す山地がたくさんあります。北海道では、中央部に大雪山、十勝岳をはじめとする山があります。その南には日高山脈が続き、周辺には夕張山地、天塩山地、北見山地、石狩山地などがあり、１０００m級の山もいくつもあります。山地とは、いくつもの山が集まって周囲より高い地域のことをいい、そのうちで頂が脈状に続くものを山脈といいます。

東北日本では、白神山地から北上山地、奥羽脊梁山脈、出羽丘陵と南北方向に延びた山地があります。南部にも、東から南北に延びる阿武隈山地、越後山脈、飯豊《いいで》朝日《あさひ》山地があります。

中部日本では、飛騨山脈（北アルプス）、木曽山脈（中央アルプス）、赤石山脈（南アルプス）へと山脈がつらなっているのが特徴です。これは、糸魚川-静岡構造線の活動によって、構造線の西側が隆起したため形成されたものです。

関東平野南方の丹沢山地は、南から押し寄せてきた島が本州弧へ衝突し、くっついてできたともいわれています。

美濃三河高原から西へは、紀伊山地・中国山地、そして四国の讃岐山脈・四国山地、九州の筑紫山地・九州山地などと、西南日本の山地が続きます。

平野と台地と段丘

日本列島の平野には台地と低地が発達しています。台地や段丘は、河川や海岸付近で海面の上下変動にともなって、侵食作用と堆積作用との繰り返しによりできる平坦な地形です。

平野の土台は河川が押し出してきた土砂が、低地に堆積してつくられました。平野としては、最も大きな関東平野をはじめとして、石狩平野、十勝平野、濃尾平野などがありますが、これらはいずれも大地が沈降することによってできたへこみに、隆起した山地から大量の土砂が流れこみ、堆積して形成されたものですから、平らな平野も、山地の消長《しょうちょう》によって生み出されたもの、ということができます。

地質構造線

日本列島を断ち切るような大断層がありますが、空中写真でもそれらが山地などを断ち切ってい

棚倉構造線の断層地形

茨城県常陸太田市高倉交流センターから見る山田川沿いの棚倉構造線の断層崖　断層崖に沿って直線的に道路がのびている。

る様子が明瞭にわかります。そのなかのいくつかは構造線とよばれ、長い地質時代のなかで、大規模な地殻変動を受けたことによってできたものと考えられています。日本列島で特に目立つ構造線を３つあげましょう。東北日本を袈裟懸けに切っている棚倉構造線、中部日本を南北に切る糸魚川‐静岡構造線、中部地方から九州地方まで列島の方向に続く中央構造線が有名です。

棚倉構造線：茨城県常陸太田市から福島県の棚倉町を経て、山形県にまでのびる横ずれ断層帯です。新しい地層をはぎ取った日本列島の土台を表す地質帯の図を見ると、この構造線を境にして、西南日本から続く帯状の地質構造が断ち切られています。

糸魚川‐静岡構造線：静岡県の安倍川付近から諏訪湖を経て糸魚川まで、ほぼ南北に延びる大断層で、フォッサマグナの西縁をなしています。ユーラシアプレートと北アメリカプレートの境界に相当するともいわれています。

中央構造線：九州から四国、紀伊半島、東海地方、中部地方、関東地方まで東西に長く続く構造線です。明治時代にナウマンが発見し、命名したものです。中央構造線を境に、北側を西南日本内帯、南側を西南日本外帯とよび、大きく地質が異なっています。

フォッサマグナ

フォッサマグナとは、ラテン語で「大きな溝」を意味します。本州の中央部を南北に横断する巨大な溝を発見して、ナウマンが命名しました。フォッサマグナの西縁は、糸魚川‐静岡構造線とされています。東縁については、ナウマンは八ヶ岳から丹沢の南を経て、相模湾に至る構造線を考えていたのですが、その後日本の研究者によって、さまざまな説が提案されてきました。現在では、柏崎‐銚子構造線が有力となっています。

衝突し、付加した伊豆半島

首都圏に近く、箱根や富士山といった観光地とともに、温泉やリゾート地として親しまれている伊豆半島は、誰もが認める堂々たる半島です。しかし、これも元はといえば、フィリピン海プレートの上にできた海洋性島弧の一部なのです。

太平洋プレートが東からフィリピン海プレートの下に沈み込むことにより、フィリピン海プレートの西縁には、海洋性島弧である伊豆‐小笠原弧が形成されました。本州の南に連なる伊豆七島や小笠原諸島の島々は、伊豆‐小笠原弧を構成する火山の頂上部が、海面上にわずかに飛び出たものなのです。海底の地形を見ると、海溝に沿ったその規模は、本州と同じくらいの島弧であることがわかります。

伊豆‐小笠原弧は、フィリピン海プレートの北上にともなって本州弧に衝突しました。伊豆半島は、その一部でした。伊豆半島の東側には、相模湾があり、その海底は相模トラフで、日本海溝に続きます。また西側には駿河湾があって、海底には駿河トラフがあり、南海トラフへと続きます。海溝ほどは深くないこの相模トラフと駿河トラフは、フィリピン海プレートが本州弧の下に沈み込む場なのです。そして、伊豆半島はフィリピン海プレートの上にできた島弧地殻のため、沈み込むことができず、本州弧に衝突し、付加したと考えられています。

火山が多いのも特徴

日本列島のもうひとつの大きな特徴は、火山が多いということです。活火山の分布には特徴があります。火山が多い国とはいっても、国中どこにでも火山があるわけではありません。海溝から陸側に離れた場所の日本海側にしか火山はありません。これは、海洋プレートがある程度深いところまで沈まないとマグマが発生しないからです。火山分布の太平洋側の縁を結んだ線を火山フロントとよんでいます。特に火山フロント近くに、活火山は多数分布しています。火山ノロントは北海道から東北日本、伊豆‐小笠原へと続き、九州でもほぼ南北に続いています。各地に点在する火山の周辺では、火山活動にともなって隆起した結果、山が形成されていて、現在もときどき噴火、噴煙を繰り返しています。

そして富士山

富士山は、いうまでもない日本最高峰の独立峰で、日本のシンボルでもある活火山です。主に玄武岩質マグマの噴出によりできたもので、最初の噴火は数十万年前の更新世でした。現在の富士山の下には、古富士火山、小御岳火山、先小御岳火山の３つの火山が隠れていますが、いちばん最近の噴火は、１７０７年の宝永噴火で、その火口は宝永火口と名付けられ、遠くからでも大きなえぐれが見えます。古富士は8万年前頃から噴火を続け、噴出した火山灰などが降り積もることで、標高２４００ｍまで成長したと見られています。裾野では地下水が豊富で、富士五湖、青木ヶ原樹海、柿田川湧水なども生み出してきました。富士山は典型的な成層火山であり、その優美な姿は懸垂曲線の山容を有し、この種の火山特有の美しい稜線をもっています。

02 日本の地形風景をつくっている大地の秘密

めずらしい岩石を改めてざっと見る

地形の土台をつくっているのが「地質」です。地質は、地域ごとに個性があります。地質を特徴付けている岩石や地層が日本列島を形成しているさまを、いくつかの角度から眺めてみましょう。

石灰岩中の化石

飛騨外縁帯、南部北上帯、黒瀬川帯などに露出する石灰岩には、3～4億年前に生きていたサンゴやウミユリ、三葉虫、腕足類《わんそくるい》などの生物の化石が含まれています。また、秋吉帯や美濃‐丹波帯、秩父帯などの石灰岩には、2～3億年前に熱帯の海山で形成されたサンゴ礁にすんでいたフズリナや巻貝などが見られます。これは、海洋プレートの沈み込みによって、付加体に取り込まれた石灰岩です。

日本列島の花崗岩

花崗岩は美しくて硬いことから、日本では古くから石材として使用されてきました。鳥居や城の石垣や石橋に用いられるほか、道標や三角点・水準点の標石にも用いられてきました。近代の建造物の例としては、国会議事堂の外装は日本産の花崗岩でできています。

石材の総称としては、御影石ともよばれることがあります。御影石とは産地の名を冠して神戸市御影町産のものにつけられた名ですが、この産地に限らず、福島県伊達市の「吾妻御影」、茨城県笠間市稲田地区の「稲田御影」、同じく茨城県の桜川市（旧真壁町）の「真壁御影」のように産地ごとに御影を付けた花崗岩があります。そのほか、四国は香川県の「庵治石《あじいし》」のように、その地の名前で売り出されたものもあります。

花崗岩は結晶粒子が大きく、鉱物結晶の熱膨張率が異なるため、温度差の大きいところでは粒子間の結合が弱まり、風化しやすいのです。しかし、花崗岩中の主成分である石英は逆に風化しにくいため、風化が進むと構成鉱物の粗い粒子を残したまま、ばらばらの状態になり非常にもろく崩れやすくなります。このようにして生じた白色から黄土色の粗い砂を真砂土《まさど》、あるいは単に真砂《まさ》といいます。真砂は校庭などの敷き砂などとして利用されてきました。花崗岩地帯には真砂が広く分布し、強い降雨により多量の砂が流れ出すため、花崗岩地帯の多くが砂防地域として指定されています。河川によって海まで運ばれると、風化に強い石英主体の砂となり、白い砂浜となります。

瀬戸内海の白砂青松や山陰地方の砂丘は、中国山地の大量の花崗岩が元になっています。

日本列島誕生に関わるオフィオライト

海洋プレートが乗り上げ、地表面に露出しているオフィオライトは、大規模な海洋地殻起源の岩体です。日本列島誕生の秘密をかかえたオフィオライトは、どこで見られるのでしょう。日本列島のオフィオライトには、北海道幌加内町周辺の幌加内岩体（中生代）、北海道南部日高山脈の幌尻岩体（中生代）、岩手県中部の早池峰岩体・宮守岩体（古生代）、千葉県鴨川市の嶺岡岩体（新生代）、静岡市北部の瀬戸川岩体（新生代）、三重県鳥羽市周辺の御荷鉾《みかぶ》岩体（中生代）、京都府西部の夜久野岩体（古生代）、兵庫県北部の大江山岩体（古生代）などがあります。

アポイ岳のかんらん岩

北海道の日高山脈は、約１３００万年前に北アメリカプレートとユーラシアプレートの衝突によってできました。その衝突の際に、地殻の下にあるマントルの一部が巻き上げられるように地上に現れたのがアポイ岳の「幌満かんらん岩体」です。アポイ岳周辺には、地球深部のマントルの情報をそのままもっている新鮮なかんらん岩が広がっており、世界的に注目されています。

主な岩石は全国にどのように分布しているか

花崗岩は大陸や島弧などの陸地を構成する岩石のなかでは一般的なもので、各地で見ることができます。また、玄武岩と安山岩、その他の岩石と出会える場所は、いったいどこでしょうか。その分布を、これまで述べてきた岩石の種類ごとに主だったものをあげて、最後のまとめとしましょう。

03 日本の地質を主な構成岩石から知る

花崗岩・かんらん岩・はんれい岩［深成岩の仲間たち］

花崗岩は、日本列島の約1割にあたる分布面積があります。日本の花崗岩では、茨城県日立市の古生代カンブリア紀のものが最も古いといわれているものですが、中生代白亜紀頃にできたものが広い面積を占めています。阿武隈高地、関東北部、飛騨山脈、木曽山脈、美濃三河高原、近畿地方中部、瀬戸内海から中国山地、北九州などに広く分布しています。

中国地方では、第4章の冒頭に掲げている岡山県北部の写真に見るように、丸くゆるやかな膨らみをもつ山地が続いています。この山地がほとんど花崗岩です。地形が丸くなっているのは、中国山地が山岳地域としては老齢期に入っているからです。歳をとって全体に丸みをおびてきたというわけです。

花崗岩は、風化により周囲がどんどん削られ、山の中に大きな露頭として取り残されていることがよくあるので目立ちます。こういった風景は、日本の各地でよく見られます。屋久島や九州宮崎県の大崩山《おおくえやま》、山梨県の瑞牆山《みずがきやま》のように、風化した周囲が崩れて硬い花崗岩が飛び出ていたり、大きな岩壁をつくるなどしています。

中国山地では、花崗岩は崩れて真砂土とよばれる水はけのよい、さらさらした砂になっています。真砂土とそのなかにまだ残っている大岩が、場合によって土石流災害を引き起こす要因にもなっています。

「県の石」として、岡山県は万成石《まんなりいし》、広島県は広島花崗岩が選定されています。万成石とはこの地域の地名をつけた花崗岩のよび名ですが、この岩石に含まれるアルカリ長石が赤みを帯びているため、全体的にピンクがかって見えるきれいな花崗岩です。では、岡山県の花崗岩が全部ピンクなのかというとそうではありません。岡山市万成から南西に47㎞はなれた笠岡市の北木島でとれる北《き》木石《いし》は、白色不透明のアルカリ長石で構成されているので、白っぽい花崗岩です。

日本以外にも花崗岩は、広く世界中に分布しています。アメリカ合衆国のヨセミテ公園やヨーロッパアルプスのモンブランなど、日本人に人気の観光地で見る岩石も花崗岩です。含まれる鉱物によって見た目はかなり異なります。世界中の花崗岩が日本の花崗岩と同じというわけではありません。

花崗岩と同じ深成岩の仲間としては、かんらん岩、はんれい岩などがあります。かんらん岩は、比較的比重の大きな造岩鉱物を主体としているため、ずっしりと重い岩石です。

はんれい岩も日本列島の各地に出ています。わかりやすいのは関東平野の北部にそびえる筑波山です。筑波山の山頂ははんれい岩からできています。おもしろいことに、このはんれい岩は花崗岩に包まれるように分布しています。

玄武岩・安山岩・流紋岩［火山岩の仲間たち］

火山岩である玄武岩、安山岩、デイサイト、流紋岩は、火山活動にともなって形成されますから活火山で観察できますが、すでに活動を停止してしまった火山にも出ています。また、付加体の中に取り込まれているものもあります。

化学組成上、深成岩のはんれい岩に対応するのが玄武岩で、花崗岩に対応するのがデイサイト、流紋岩です。安山岩はそれらの中間の化学組成を示します。

日本はプレートの沈み込み帯ですから、沈み込み帯に特徴的な安山岩がたくさん出ていますが、デイサイト、流紋岩や玄武岩も見られます。日本の火山では、一部を除いたほとんどに安山岩が分布しています。デイサイト、流紋岩も分布しています。有珠火山の昭和新山や雲仙普賢岳《ふげんだけ》はデイサイトからできています。

中新世に主に東北日本で形成されたグリーンタフでは、最初に安山岩の活動があり、玄武岩、デイサイトの活動に変化していることが各地で観察できます。グリーンタフ内でのこの変化は、岩手・秋田県境のJR北上線沿いの奥羽脊梁山脈などで確認できます。

また、付加体の中に取り込まれている火山岩は玄武岩で、海洋底を形成していたものと考えられており、枕状溶岩が特徴的に見られます。四国の白亜紀に形成された四万十帯の付加体中で発見されています。

砕屑岩・凝灰岩・石灰岩・チャート［堆積岩の仲間たち］

堆積岩は、地表面に近いところでできる岩石です。泥岩、砂岩、礫岩などは、日本列島の各地でいろいろな時代のものを見ることができます。層状をなしていることが多いので、簡単に見分けがつきます。凝灰岩や火山角礫岩など火山性のものは、火山の付近にたくさんあります。また、古い地層の中にも過去の火山活動によって形成されたものがたくさん含まれています。グリーンタフは、その例です。たとえば、栃木県の大谷石は火山の爆発で発生した火砕流起源の堆積物です。そこでは、今では火山体そのものは見えませんが、火山からの噴出物が観察できます。

生物の遺骸が堆積してできるものには、石灰岩、チャート、珪藻土、石炭などがあります。石灰岩は秋吉台などで見ることができますし、チャートは、付加体で確認することができます。石川県七尾の珪藻土から七輪が作られていることは有名です。石炭は、かつては家庭燃料にもなっていましたが、今では石炭の現物を見ることはほとんどなくなりました。

変成岩はどこにあるか

三波川、領家、三郡などとよばれる、広範囲にわたり構造運動を受けて形成された広域変成岩地帯は、日本列島の形成の謎を解く鍵を握る重要なところです。一方、東北地方、中部地方、近畿地方、中国地方、北九州地方など花崗岩が広く分布している地域では、花崗岩の貫入にともなって、周辺の岩石が変成作用を受け、接触変成岩が形成されました。

広域変成岩地帯を代表する変成岩には、結晶片岩と片麻岩があります。結晶片岩は、元の岩石が強い圧力を受けて岩石中の鉱物が再結晶し、一定方向に並び直し、線状や面状の片理構造をもつようになったものです。また、鉱物が粗粒化して、異なった鉱物組成をもった層が薄く積み重なった片麻状構造が発達した変成岩が片麻岩です。接触変成岩を代表する岩石は、砂岩や泥岩が変成してできたホルンフェルスと石灰岩が変成してできた大理石があります。

庭石や板石として使われよく知られている三波石は結晶片岩で、群馬・埼玉県境を流れる神流川流域で見ることができます。また、ホルンフェルスや大理石は日本各地の花崗岩体の近くで見ることができます。

04 「ジオパーク」で地質遺産を楽しむ

地球の多様な物語を楽しむ

学術的に貴重で、美しい地形や地質などをともなった自然遺産を見どころとし、日本列島の生い立ちを気軽に楽しくたどることができる場所が、ジオパークです。その大地の上に展開している歴史的・文化的なものも含めて、広い意味の公園（大地の公園）にしたものです。それらを観光資源として地域の活性化につなげ、あわせて科学教育の振興をめざそうとするのがジオパークの目的です。

ジオパークは、２０１５年から世界遺産と同様のユネスコの正式のプログラムとなっています。世界では、33か国１１９地域（２０１６年12月現在）が、ユネスコ世界ジオパークに認定されています。このうちには、日本の8地域が含まれています。２００７年に、地質研究者、地質調査業関係者、ジオパークをめざす地域の自治体関係者などが協力して日本にジオパークをつくることをめざして、日本ジオパーク協議会が設立されました。その翌年には、地球科学の研究者が中心となって、ジオパークの評価をおこなう日本ジオパーク委員会（ＪＧＣ）も設立され、10の関係省庁の担当者もオブザーバーとして参加しました。2009年には、NPO法人日本ジオパークネットワーク（JGN）が設立され、日本におけるジオパーク事業が本格的に展開されるようになりました。現在日本には、世界ジオパークの8地域を含めて、43の地域がJGNに認定されています（2016年9月現在）。

ジオパークでは、さまざまな地質や自然景観を見学し、楽しむことができます。それぞれのジオパークの内容は、たいへん個性的であり豊かです。JGNはじめ、各ジオパークのウェブサイトで調べて、訪ねてみてください。実際に地形を見たり、岩石や地層にさわってみると、足下の大地の生い立ちが実感でき、いっそう楽しむことができます。ここでは、少しだけ、きっかけを紹介しておきましょう。

岩石を見る

海に堆積してできた堆積岩の迫力ある崖を見たかったら千葉県銚子ジオパークに行ってみましょう。海岸沿いに延々と続く地層に圧倒されることでしょう。マグマが地下深くで固まった深成岩によってつくられた美しい山の代表は筑波山です。茨城県筑波山地域ジオパークを訪ねてみてください。マグマが地表に噴出してできた火山岩は、各地の火山地域にあるジオパークで観察できます。美しい変成岩（三波川変成岩）は埼玉県のジオパーク秩父の長瀞で観察できます。

化石を見る

化石を観察すれば、われわれ人類のルーツを、遠い過去にさかのぼって考える機会になるでしょう。福井県恐竜渓谷ふくい勝山ジオパークでは、恐竜の化石やその発掘現場を見ることができます。また、熊本県の天草、北海道の三笠、茨城県北、銚子などの各ジオパークでは、今は絶滅してしまったアンモナイトを観察できます。その他のジオパークでも、いろいろな時代のさまざまな化石を見ることができます。

いろいろな火山を見る

日本のジオパークには火山を見どころとしたジオパークが多くあります。東北日本の出羽丘陵、奥羽脊梁山脈上にそびえる成層火山は、それぞれ山形県鳥海山・飛島ジオパークと宮城県栗駒山麓ジオパークで見学することができます。巨大なカルデラは熊本県阿蘇ジオパーク、鹿児島県霧島ジオパークで、カルデラ湖は神奈川県箱根ジオパークで見られます。海中にある巨大カルデラと現在の火山の雄大な関係を、鹿児島県桜島・錦江湾ジオパーク、同県三島村・鬼界カルデラジオパークに行って想像してみましょう。火山島の様子の違いを、東京都伊豆大島ジオパーク、大分県おおいた姫島ジオパークに行って比べて見るのもおもしろいでしょう。巨大噴火により放出された火砕流によってできた台地は、大分県おおいた豊後大野ジオパークで存分に見ることができます。

地形、水資源を見る

美しい河岸段丘の風景は新潟県苗場山麓ジオパークで堪能できるでしょう。北海道とかち鹿追ジオパークでは、寒冷な気候による凍《しば》れと地形との関係やそれと関連した独自な生態系を見ることができます。富山県立山黒部ジオパーク、石川県白山手取川ジオパークでは、大山脈から一気に海にまでおちる大標高差の地形を楽しみながら、それによってもたらされる豊富な水資源についても考えさせられます。

資源、鉱物を見る

北海道白滝ジオパークでは、黒曜石の産出地を見学しながら、旧石器時代の人々の生活にも思いをはせることができます。日本は火山とともに温泉も豊富に湧出していますが、秋田県湯沢ジオパークでは地熱・温泉資源について観察できます。新潟県佐渡ジオパークで地質学的歴史と金山の歴史を合わせて考えるのも、一興かもしれません。

プレートテクトニクスを実感する

プレートテクトニクスを実感することにも、ジオパークは材料を与えてくれます。北海道アポイ岳ジオパークでは、プレート同士の衝突で地表に出現したマントルを観察できます。また、群馬県下仁田ジオパークには、大きな力によって形成された巨大な根無し山（クリッペ）があります。新潟県糸魚川ジオパークには、北アメリカプレートとユーラシアプレートの境界部が露出していると考えられています。静岡県伊豆半島ジオパークでは、フィリピン海プレートの上に乗って南からやってきて本州に衝突した火山島を見ることができます。高知県室戸ジオパークでは地震のたびに土地が跳ね上がって形成された地形が見学できます。

日本の地質構造を見る

日本列島で発見されている重要な巨大断層である糸魚川‐静岡構造線、中央構造線、棚倉構造線は、それぞれ、糸魚川ジオパーク、長野県南アルプスジオパーク、茨城県北ジオパークで、近くに寄って見ることができます。

日本列島の歴史を覗く

日本列島が大陸の一部であった時の岩石や地層を観察できるところが、島根県隠岐ジオパークと愛媛県四国西予ジオパークです。サンゴ礁をともなった海山を含んだ付加体は山口県Mine秋吉台ジオパークで、新しい時代の付加体は和歌山県南紀熊野ジオパークで見られます。日本海が拡大したときの地層は日本各地で認められていますが、青森県下北、秋田県八峰白神、京都府・兵庫県・鳥取県の三県にまたがる山陰海岸ジオパーク、秋田県男鹿半島・大潟ジオパークで観察できます。

自然災害に学ぶ

ジオパークは、自然災害を学ぶ場でもあります。東日本大震災での地震や津波災害については青森県・岩手県・宮城県にまたがる三陸ジオパークで、火山災害については、北海道洞爺湖有珠山（昭和新山）、福島県磐梯山（山体崩壊）、群馬県浅間山麓、長崎県島原半島（平成新山）の各ジオパークで学ぶことができます。

05 日本中の「ジオパーク」を地域別に眺めてみる

日本列島の大地を楽しむ▼ジオパークをめぐる

以下に、日本各地のジオパークの位置と概要を示します（2016年12月現在）。訪問のための参考にしてください。

北海道

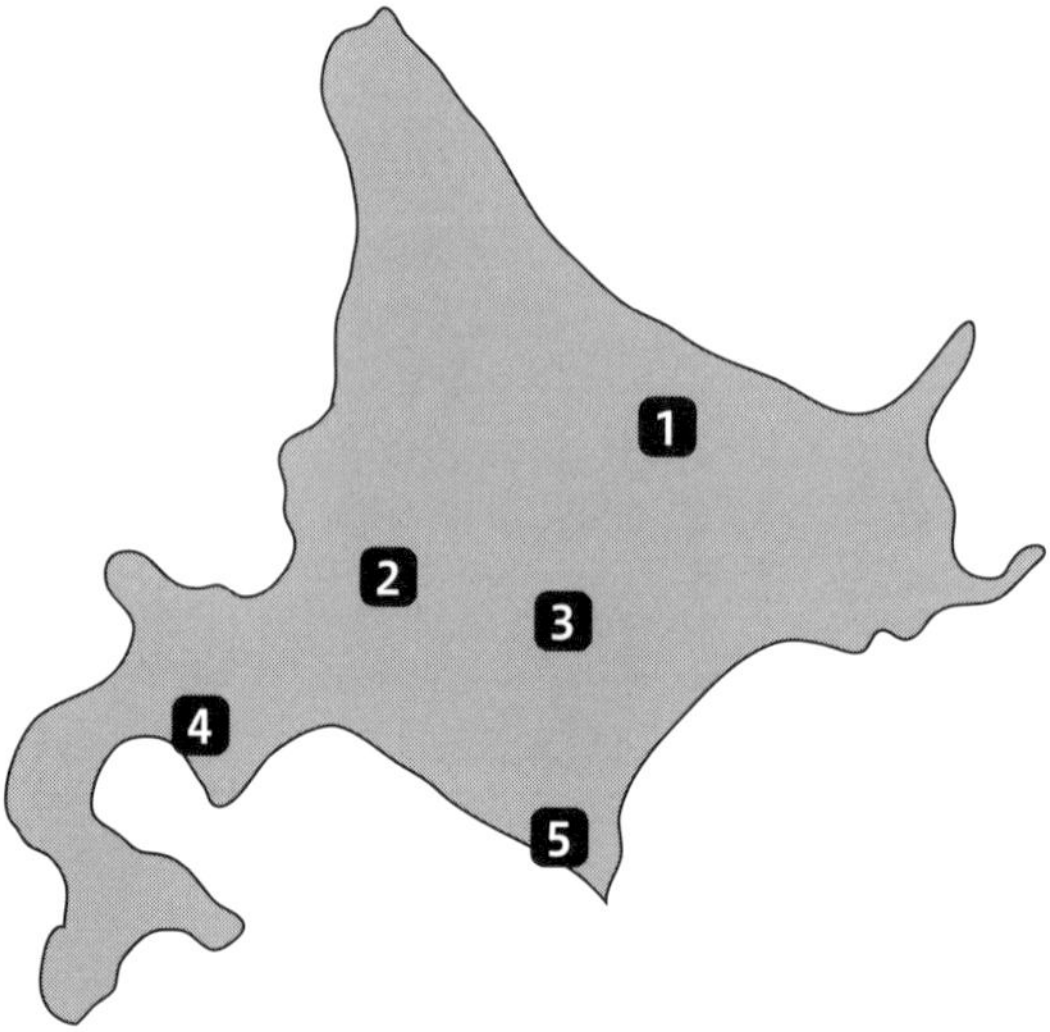

1 白滝ジオパーク

北海道北東部の遠軽町《えんがるちょう》にあります。見どころは、日本最大の埋蔵量の白滝黒曜石です。旧石器時代に、ここで採集された黒曜石は、北海道内各地やサハリンの遺跡でも確認されています。

2 三笠ジオパーク

北海道中央部、石狩平野東端の三笠市にあります。今から一億年前の白亜紀のアンモナイトが産出しています。日本の産業を支えた石炭の町でもあります。

3 とかち鹿追ジオパーク

北海道東部、十勝平野北西部の鹿追町にあります。火山活動と「凍《しば》れ」によってできた地形や生態系を観察できます。寒冷地の産業や生活を、垣間見ることができます。

4 洞爺湖有珠山ジオパーク（ユネスコ世界ジオパーク）

北海道南東部の洞爺湖と有珠山周辺にあります。11万年前の噴火でできた洞爺湖や約２万年前に形成された有珠山、昭和新山など、火山活動とそれにともなう大地の変動を実感できます。

5 アポイ岳ジオパーク（ユネスコ世界ジオパーク）

北海道中軸部を南北にはしる日高山脈南端部の、アポイ岳周辺にあります。ここの見ものは、地下深いところで形成されたかんらん岩です。プレートの衝突によってまくり上げられた、マントルを構成していたかんらん岩を見ることができます。

東北

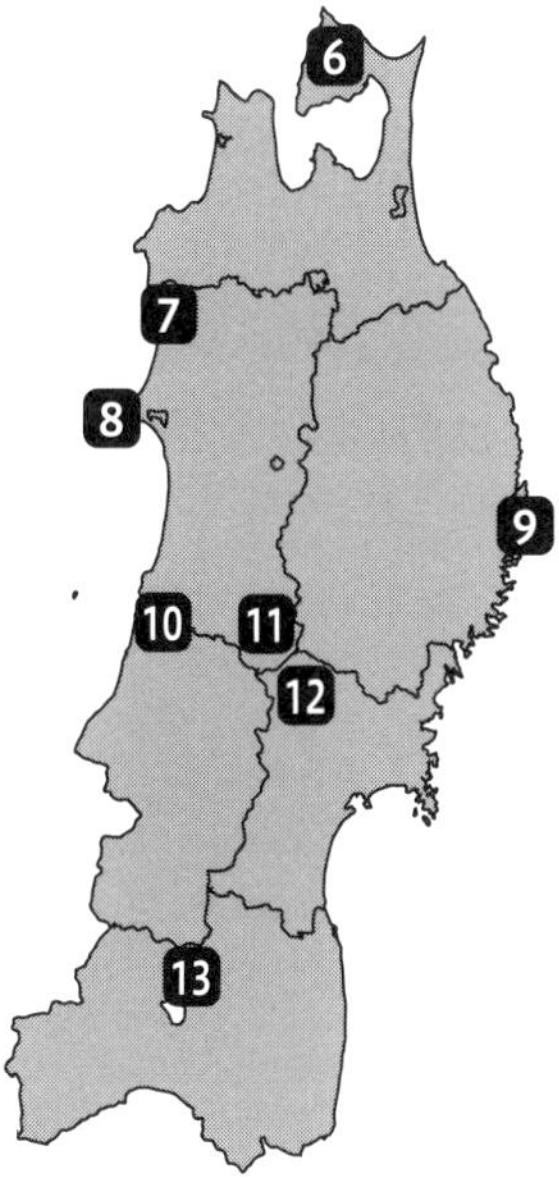

6 下北ジオパーク
本州最北端下北半島にあります。新第三紀の海底火山噴出物（グリーンタフ）、信仰の山でもある火山の恐山など、特徴的な地質や地形が見られるほか、本州北限のサルなど特別の動物群も観察できます。

7 八峰白神ジオパーク
秋田・青森県境の一部が世界自然遺産に登録されている白神山地にあります。地質学的には、新第三紀のグリーンタフが見ものです。グリーンタフに関連した銀山や油田がありました。季節によってはハタハタ漁の見学もできます。

8 男鹿半島・大潟ジオパーク
秋田県沿岸部のほぼ中央部にあります。男鹿半島では、日本海形成時の代表的な地層が連続的に観察できます。また、日本最大の干拓地八郎潟も見学することができます。

9 三陸ジオパーク
青森県、岩手県、宮城県の3県にわたり、日本最大面積を誇ります。東日本大震災からの復興をめざして立ち上げられました。大地の恵みを楽しみつつも、自然災害について考える場所でもあります。

10 鳥海山・飛島ジオパーク
山形・秋田県境地域に屹立する火山、鳥海山とその西方30kmの海上にある飛島を含んでいます。四季折々の鳥海山の雄大な火山体の眺めを楽しめます。飛島は海底山脈の上にある島で、地質・生態系ともに興味深いところです。

11 ゆざわジオパーク
秋田県南部湯沢市にあります。古い火山が活動していた地域で、今は火山体をなしていませんが、火山からの噴出物がたくさん観察できます。見えない火山の名残りで、豊富な温泉が涌いています。地熱資源利用の可能性についても考えさせられる場所です。

12 栗駒山麓ジオパーク
宮城県北西部の栗駒火山周辺に位置します。奥羽脊梁山脈の中央部にあり、活動中の火山です。火山の基盤のグリーンタフ中にあった黒鉱鉱床を採掘していた細倉鉱山跡も見学できます。

13 磐梯山ジオパーク
福島県中央部の奥羽山脈上にある磐梯山にあります。過去に起こった大規模な水蒸気爆発による山体崩壊と、岩なだれにより形成された地形を観察できます。火山災害と人々の生活や歴史との関わりも考えられます。

関東

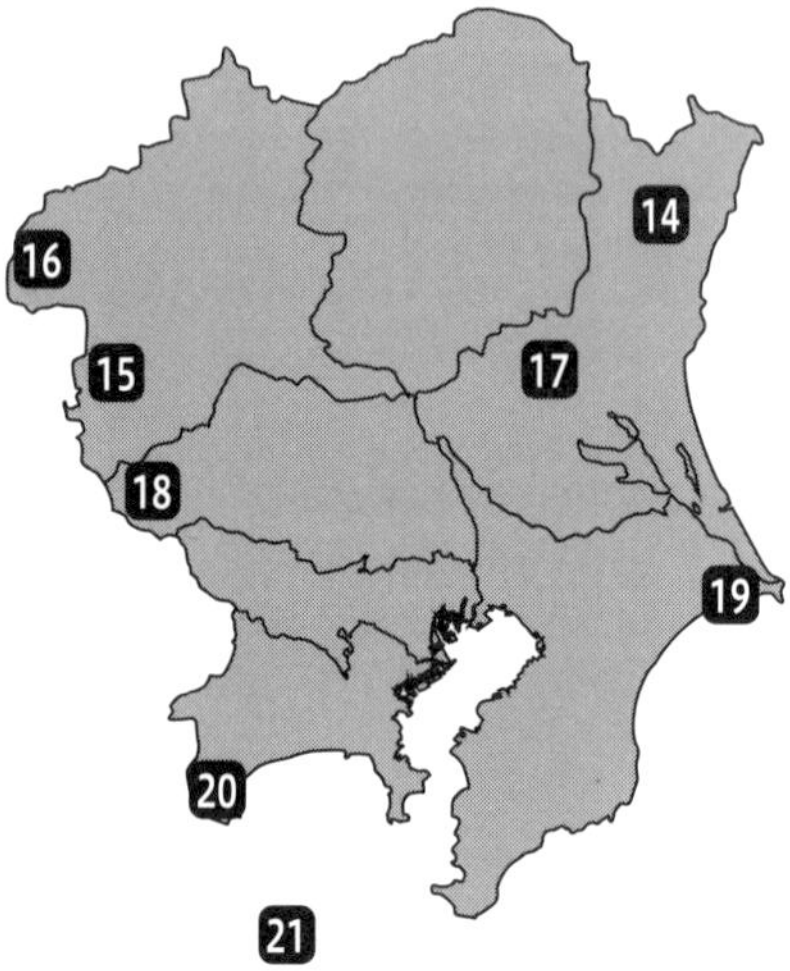

14 茨城県北ジオパーク

茨城県の水戸以北の地域にあります。5億年の日本列島の歴史を都心近郊で実感できます。水戸の偕楽園や北茨城の六角堂で、地質と歴史や文化との関わりを考えるのも興味深いものがあります。

15 下仁田ジオパーク

群馬県下仁田町にあります。大きな地殻変動によって形成されたクリッペが見ものです。荒船風穴では、自然を活用した昔の養蚕の知恵を知ることができます。

16 浅間山北麓ジオパーク

群馬県嬬恋村、長野原町にあります。浅間火山の活発な火山活動が地域社会に及ぼした破壊と、地域の人々がそれを克服し再生してきた歴史を学ぶことができます。

17 筑波山地域ジオパーク

茨城県中南部にあります。日本百名山のひとつである筑波山を中心として鶏足山塊や霞ヶ浦も含んでいます。中生代の付加体の中に、マグマが地下深部で貫入した様子を観察できます。筑波山頂からは関東平野が一望できます。

18 ジオパーク秩父

埼玉県西部の関東山地から秩父盆地にかけての地域です。秩父層群や三波川変成岩などの先駆的な研究がなされ、日本の近代地質学発祥の地ともいわれています。長瀞の岩畳では、三波川変成岩を観察できます。

19 銚子ジオパーク

千葉県最東端の銚子市にあります。都心から気軽に訪れることのできるジオパークのひとつです。犬吠崎では白亜紀の浅海堆積物が観察できます。10㎞に渡って続く屛風ヶ浦では３００万年前から30万年前の地層を、連続的に観察できます。

20 箱根ジオパーク

箱根火山を中心とした地域です。40万年の歴史をもつ箱根火山をさまざまな所で観察できます。大涌谷では、現在の噴気活動を見ることができます。カルデラ湖である芦ノ湖の風景も楽しめます。

21 伊豆大島ジオパーク

伊豆大島全体にあります。火山島の伊豆大島では、中央部にカルデラと中央火口丘の三原山を観察できます。最近の噴火活動の跡をはじめ、過去の大噴火の跡も見学できます。活きた大地を実感できるでしょう。

北陸・中部・甲信越

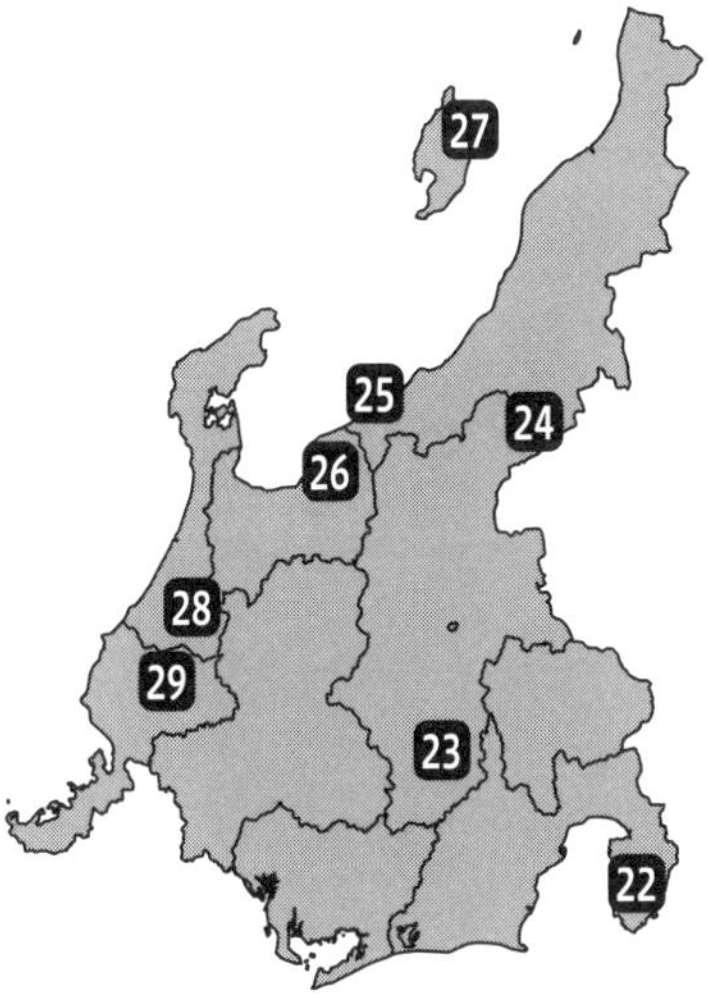

22 伊豆半島ジオパーク
静岡県東部の伊豆半島にあります。伊豆半島は、昔ずっと南にあった火山島がフィリピン海プレートにのってやってきて、本州に衝突し付加したものです。昔の海底火山のさまざまな噴出物が観察できます。

23 南アルプス(中央構造線エリア)ジオパーク
長野県南部赤石山脈を中心とした地域です。日本列島形成において、重要な役割を果たした中央構造線と、その周辺の岩石を各地で観察できます。3000m級の雄大な山並みも見ものです。

24 苗場山麓ジオパーク
新潟県津南町と長野県栄村にあります。日本有数の河岸段丘が見ものです。40数万年の気候変動や地殻変動のあとが観察できます。段丘上で発掘された遺跡から人々の生活にも思いをはせることができます。

25 糸魚川ジオパーク（ユネスコ世界ジオパーク）
新潟県糸魚川市にあります。フォッサマグナの北部にあり、フォッサマグナの西縁を画す糸魚川−静岡構造線を間近で見ることができます。日本鉱物科学会選定の「国石」ヒスイは渓谷に大きな岩となってあります。海岸でも運が良ければヒスイを拾うことができるかもしれません。

26 立山黒部ジオパーク
富山県東部の富山市から朝日町にかけた地域にあります。標高3000mの北アルプスから、水深1000mの富山湾まで、標高差4000mにおよぶダイナミックな地形からなる地域です。38億年を示す日本最古の鉱物ジルコンが発見されています。

27 佐渡ジオパーク
新潟県の佐渡島にあります。見ものは金山の採掘跡です。まだ日本海がなくて、佐渡島が大陸の一部であった時にマグマ活動にともなって形成されたと考えられています。そのほかに、日本海形成時の地層も観察できます。

28 白山手取川ジオパーク
石川県白山市に位置します。白山から流れ出した手取川が日本海の海岸まで、標高差2700mで流れ下る自然景観が見ものです。この自然の中で、大きな水の循環に思いが及ぶでしょう。

29 恐竜渓谷ふくい勝山ジオパーク
福井県北東部の勝山市全域に位置します。ここでは白亜紀の恐竜化石が多数発掘されています。福井県立恐竜博物館では、恐竜の骨格が見学でき、発掘地では白亜紀の地層を観察できます。

近畿・中国・四国

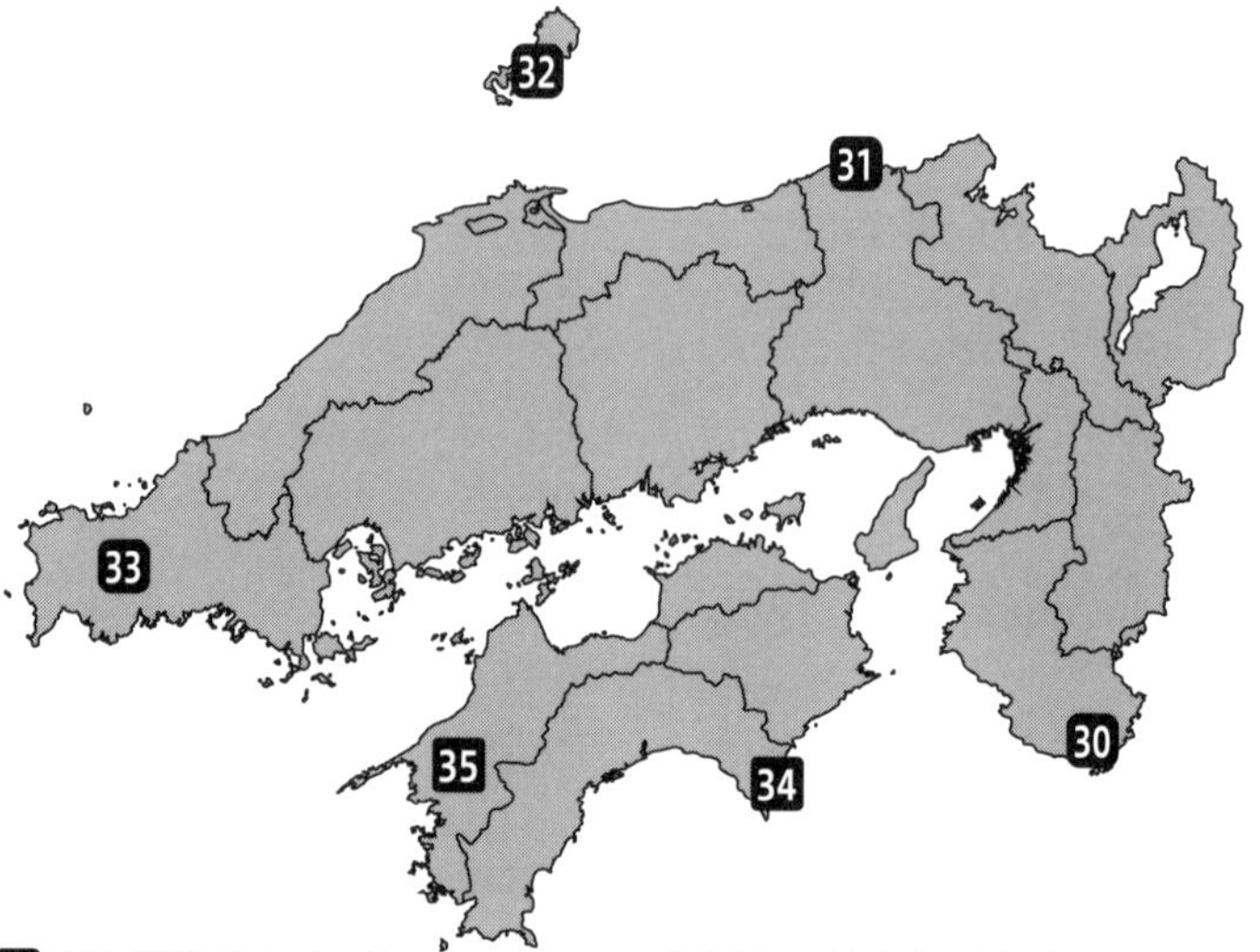

30 南紀熊野ジオパーク

本州最南端の紀伊半島南部地域にあります。見ものは古第三紀に形成された付加体（四万十帯）です。付加体形成時に加わった力により地層が折りたたまれてできた褶曲は有名です。

31 山陰海岸ジオパーク（ユネスコ世界ジオパーク）

京都府京丹後市から鳥取市まで、日本海に沿った広い地域にあります。約2500万年前から現在まで、日本海形成から日本列島形成に至る過程を、観察することができます。

32 隠岐ジオパーク（ユネスコ世界ジオパーク）

島根半島北方50㎞の隠岐諸島にあります。日本が日本海形成前の大陸の一部を構成していた時代、日本海形成時、火山島時代、本州と離れた時代、それぞれの地層を観察できます。また、離島としての文化についても学べます。

33 Mine秋吉台ジオパーク

山口県西部の美祢市全域にあたります。見どころはカルスト台地である秋吉台です。海底火山の上にできたサンゴ礁が、プレートの沈み込みにともなって付加して形成された石灰岩からなっています。

34 室戸ジオパーク（ユネスコ世界ジオパーク）

高知県東部室戸半島に位置しています。海岸では四万十帯に所属する付加体の砂岩層や泥岩層が観察できます。見ものは地震のたびに隆起して形成された海成段丘です。活発な地震活動が地形に現れています。

35 四国西予ジオパーク

四国愛媛県西部の西予市に位置しています。黒瀬川構造体を構成する、さまざまな岩石が観察できます。これらは、過去にあった大陸の破片かもしれません。日本列島形成史解読における未解決の謎を秘めた場所です。

九州

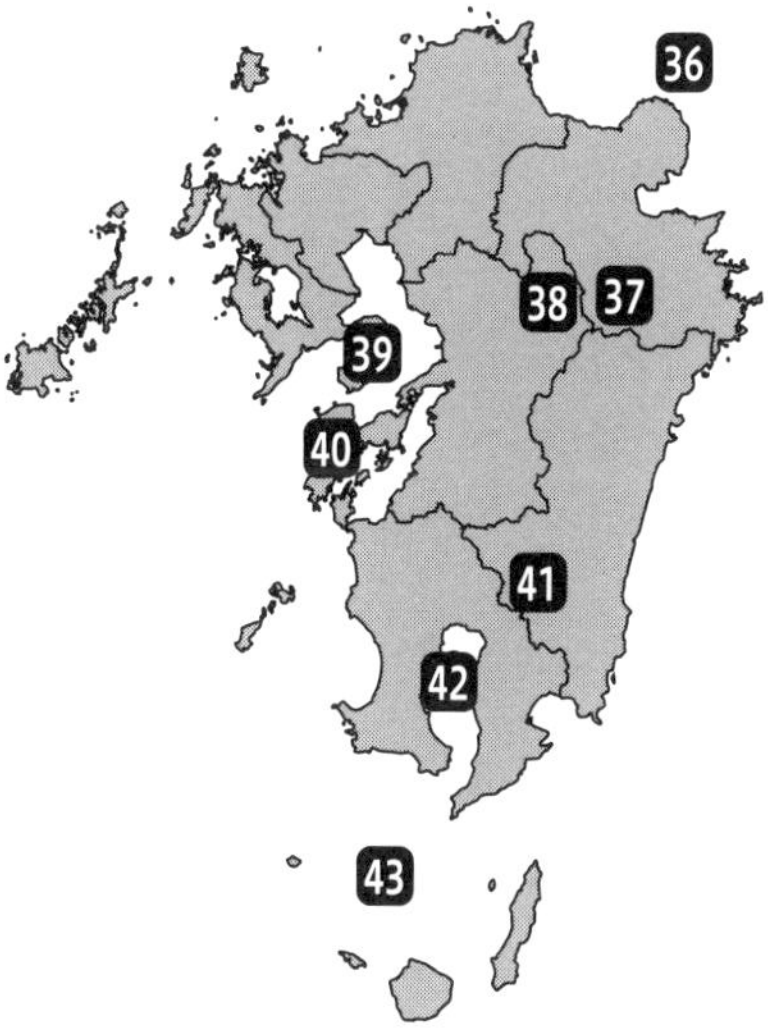

36 おおいた姫島ジオパーク

大分県姫島村にあります。約30万年前にできた火山島です。4つの島が砂州でつながっている珍しい地形が見ものです。国指定天然記念物の黒曜石が観音崎で見られます。

37 おおいた豊後大野ジオパーク

大分県中南部豊後大野市に位置します。9万年前に発生した阿蘇山からの巨大火砕流により、豊後大野地域の土台が形成されています。この火砕流によってできた断崖が観察できます。

38 阿蘇ジオパーク（ユネスコ世界ジオパーク）

熊本県阿蘇山を中心とした地域です。数十万年にわたる火山活動によって形成された、巨大カルデラ地形が見ものです。大量に噴出した火砕流堆積物が、各地で観察できます。

39 島原半島ジオパーク（ユネスコ世界ジオパーク）

長崎県南部、島原半島にあります。中心に雲仙火山があります。たびかさなる雲仙火山の噴火とそれにより引き起こされた災害、そしてそれからの復興を学ぶことができます。自然と人の営みを考える機会を与えてくれます。

40 天草ジオパーク

熊本県南西部の天草諸島にあります。地形的には多島海の風景と硬軟の岩石の互層の侵食でできたケスタ地形が見ものです。白亜紀および古第三紀の地層からは、アンモナイトを始めとする豊富な化石が産出します。

41 霧島ジオパーク

宮崎・鹿児島県境の霧島山にあります。30万年前、加久藤《かくとう》カルデラから大量の火砕流が噴出した後、形成された火山と火口湖の集合からなっています。さまざまな火山地形の観察ができます。

42 桜島・錦江湾ジオパーク

鹿児島県の桜島とその周辺にあります。今でも盛んに活動し、噴煙をあげている桜島が見どころです。桜島は、鹿児島市錦江湾北部に約2億9000万年前にできた姶良《あいら》カルデラの南端で形成されました。

43 三島村・鬼界カルデラジオパーク

日本最南端のジオパーク。鬼界海底カルデラの北縁に竹島、硫黄島が、西側に黒島があります。巨大噴火の痕跡、地熱、温泉などを学ぶことができます。硫黄島には平安時代に、ここに流刑になった俊寛ゆかりのお堂もあります。

付■日本地質学会が選定した「県の石」

県の石（鉱物、岩石、化石）

古来、日本人は日本列島の多様な自然を愛で親しみ、楽しんできましたが、その主たる対象は「花鳥風月」で、岩や石そのものに興味が及ぶことはほとんどなかったといえるでしょう。これに対して、アメリカでは州の岩石・鉱物・宝石・化石などが選ばれており、資源大国として、市民の地質学に対する認知度の高さがうかがえます。４つのプレートが接する日本は地質災害の国であり、市民の方々の国土や地球に対する理解度を高めることが重要になります。

一般社団法人日本地質学会は、２０１６年５月に県の石（岩石・鉱物・化石）を選定しています。こうした日本の地域ごとに、それぞれ都道府県で特色のある石を選ぼうということになったいちばんのモチベーションは、市民の国土や地球に対する理解を広げたいということでした。その背景には、２０１１年の東日本大震災で約２万人のもの死者・行方不明者が出たことに対する真摯な反省、「国土や地球を知っていれば、救えた命があったかもしれない」があります。

このようにして始まった県の石の選定は、予想したよりはるかに難事業で、地元の意向と学問上の重要性をバランスさせつつ、全国的には重要な候補を取りこぼすことなく網羅する作業は、大変なものでした。

岩石は、宮城県のスレート、栃木県の大谷石《おおやいし》、京都府の鳴滝砥石《なるたきといし》、島根県の来待石《きまちいし》、岡山県の万成石《まんなりいし》などの石材が目を引きます。石川県の珪藻土は七輪や土壁の材料として有名です。山口県の岩石に選ばれた石灰岩は、日本各地から産し、日本で自給できる地下資源となっています。また、岩手県の蛇紋岩、埼玉県の片岩、鳥取県の砂丘堆積物、徳島県の青色片岩のような景勝地の岩石、新潟県のひすい輝石岩、長野県の黒曜石のような考古学的重要性のある岩石も選ばれています。香川県の讃岐石《さぬきいし》は、美しい音色の岩石として異彩を放っています。東京都の岩石は小笠原諸島に分布する特殊な組成の安山岩である無人岩《むじんがん》で、地質学的にたいへん重要な岩石です。なお、富士山の安山岩は、静岡県と山梨県の岩石としました。

この選定は、岩石だけでなく各都道府県の鉱物・化石もあわせて選んでいます。鉱物には、日本の経済発展を支えた鉱石が多く選ばれています。たとえば、釜石の鉄鉱石、秋田県の黒鉱、栃木県や岡山県の黄銅鉱、新潟県や鹿児島県の自然金、島根県の自然銀などです。宮城県の砂金は、現在ほとんど産しませんが、東大寺大仏像の建造に用いられたという歴史上の重要性から選定されました。山梨県のハートのような形をした水晶の「日本式双晶」や愛媛県の輝安鉱は世界的に有名で、世界各地の博物館所蔵の標本は、両県産のものが多数を占めます。福島県や滋賀県には有名なペグマタイト鉱床があり、そこから産する鉱物（それぞれ、ペグマタイト鉱物とトパーズ）が両県の鉱物に選ばれています。

化石はシルル紀（岩手県のシルル紀サンゴ化石群や宮崎県のシルル紀 - デボン紀化石群）から第四紀更新世（沖縄県の港川人）まで、さまざまな地質時代のものが網羅されています。しかし、恐竜をはじめとする大型脊椎動物化石が県民の認知度が高く、多くの県で選ばれています。たとえば、宮城県のウタツギョリュウ、福島県のフタバスズキリュウ、福井県のフクイラプトル、兵庫県の丹波竜、茨城県のステゴロフォドン象等です。これらは、地域おこしの核として、貢献しています。北海道のアンモナイトは、保存状態がよい化石が多産することで世界的に有名です。

各「県の石」の詳細は、日本地質学会のウェブサイトで公開されています。

http://www.geosociety.jp/name/content0144.html

日本式双晶
（神奈川県立生命の星・地球博物館提供）

[参考文献]

●天野一男・秋山雅彦(2016)『フィールドジオロジー入門』共立出版, 154pp.
●磯崎行雄・丸山茂徳(1991)「地学雑誌」100, 697-761.
●国立科学博物館編(2006)『日本列島の自然史』東海大学出版会, 339pp.
● McKenzie, D. P. & Parker, R. L. (1967) Nature, 216, 1276-1280.
● Pittman, III, W. C., Larson, R. L. and Herron, E. M. (1974) Geol. Soc. Amer. Map and Chart Series, MC-6.
●斎藤靖二(1992)『日本列島の生い立ちを読む』岩波書店, 147pp.
●平 朝彦(1990)『日本列島の誕生』岩波書店, 226pp.
● Tapponier, P., Peltzer, G. & Armijo, R. (1986) Geol. Soc. Spec. Pub., 19, 115-157.
● Wegener, A.(1929) Die Entstehung der Kontinente und Ozeane. Friedr.Vieweg & Sohn, Braunschweig

●本書に使用の写真●

日本地質学会主催「惑星地球フォトコンテスト」受賞作品から

(２００７年＊はコンテスト開始以前)

第１章	13ページ	２００７年＊「地震が作り出した芸術：巨大乱堆積物」 撮影：山本 由弦(産業技術総合研究所)・坂口 有人(海洋研究開発機構)
	18ページ	第８回受賞「大ヤスリを見下ろす山並み」 撮影：三浦 雅哉(神奈川県)
	55ページ／表4	第３回受賞「褶曲」 撮影：平山 弘(和歌山県)
第２章	59ページ／表1	第１回受賞「作者は、地球。」 撮影：中西 康治(沖縄県)
第３章	107ページ／表4	第７回受賞「海上の城壁」 撮影：小林 健一(埼玉県)
第４章	127ページ／表1	第１回受賞「山河」 撮影：横山 栄治(神奈川県)
	132ページ／表1	第５回受賞「Earthscape of Japan」(組写真)から 写真：山本 直洋(埼玉県)
	136ページ／表4	第４回受賞「火山の造形」 撮影：坪田 敏夫(神奈川県)
	149ページ	第７回受賞「室戸のタービダイト層」 撮影：雪本 信彰(高知県)
第５章	153ページ	第２回受賞「黒曜石の山」 撮影：伊藤 建夫(北海道)
第６章	179ページ／表4	第４回受賞「空気砲」 撮影：大江 雅史(愛知県)
	204ページ	第６回受賞「立ち上る白煙」 撮影：岡本 芳隆(神奈川県)
第７章	213ページ	第１回受賞「麦圃生山・植生回復」 撮影：松山 幸弘(福井県)

※表１・表４の写真はカバーにも掲載

#《索引》

編著者紹介

日本地質学会 The Geological Society of Japan

地質学の発展や普及を目指して1893年に創立され、2018年には125周年を迎える。大学をはじめ研究機関の研究者や小中高校の教員、地質学を学んで社会に役立てるために仕事をしている技術者、大学生、大学院生、地質学が好きで勉強している人など約3800人が所属。地球・生命の進化、環境の時代的変遷といった基礎的な課題に加え、自然災害や資源など応用的な分野もカバーする、日本の地球諸科学関連学協会の中で最大規模の学会。

■編集・執筆（50音順）＊所属については執筆当時

※：編集委員
☆：執筆者
★：監修

編集委員長：**天野 一男**※☆★（茨城大学名誉教授・日本大学文理学部）
荒戸 裕之 ※☆（秋田大学大学院国際資源学研究科）
井龍 康文 ☆（東北大学大学院理学研究科地学専攻）
浦野 成昭 ☆（株式会社ゴールデン佐渡）
須藤 茂 ☆（元産業技術総合研究所地質調査総合センター）
西山 賢一 ※☆（徳島大学大学院社会産業理工学研究部）
平田 大二 ※☆（神奈川県立生命の星・地球博物館）
星 博幸 ※（愛知教育大学理科教育講座）
向山 栄 ※☆（国際航業株式会社技術サービス本部）
矢島 道子 ※☆★（日本大学文理学部・日本地質学会125周年記念行事実行委員長）
斉藤 靖二 ※☆★（神奈川県立生命の星・地球博物館）
渡辺 寧 ☆（秋田大学大学院国際資源学研究科）

はじめての地質学《ちしつがく》　日本《にほん》の地層《ちそう》と岩石《がんせき》を調《しら》べる

2017年　9月25日　初版発行
2025年　6月14日　第6刷発行

編著者　日本地質学会《にほんちしつがっかい》
カバーデザイン／DTP　三枝 未央
発行者　内田 真介
発行・発売　ベレ出版
〒162-0832　東京都新宿区岩戸町12 レベッカビル
TEL.03-5225-4790　FAX.03-5225-4795
ホームページ　http://www.beret.co.jp/
印刷　モリモト印刷株式会社
製本　根本製本株式会社

ISBN 978-4-86064-522-9 C0044　　編集担当　坂東一郎